化学分析技术研究

李孝弟 著

天津出版传媒集团
天津科学技术出版社

图书在版编目(CIP)数据

化学分析技术研究 / 李孝弟著. —天津：天津科学技术出版社，2023.8

ISBN 978-7-5742-1434-7

Ⅰ.①化… Ⅱ.①李… Ⅲ.①化学分析-研究 Ⅳ.①O652

中国国家版本馆 CIP 数据核字(2023)第 133018 号

化学分析技术研究
HUAXUE FENXI JISHU YANJIU

责任编辑：陶　雨

出版：天津出版传媒集团
　　　天津科学技术出版社
地址：天津市西康路 35 号
邮编：300051
电话：(022)23332400
网址：www.tjkjcbs.com.cn
发行：新华书店经销
印刷：天津市蓟县宏图印务有限公司

开本　787×1092　1/16　印张　10.25　字数　300 000
2024 年 1 月第 1 版　2024 年 1 月第 1 次印刷
定价：58.00 元

前言 PREFACE

  本书在内容编排上紧紧围绕当前我国高等职业教育的发展方向，立足于化验员岗位的任职要求，以工作过程和职业能力为导向，将化验室安全与防护、玻璃仪器的洗涤、校准与干燥、误差的来源与消除、数据的记录与表达、物质的取用与计量、样品的采集与制备、常量组分的定量分析及三废的处理等相关理论知识与岗位技能有机融合在一起，按照四级能力递进的方式，着力体现"理实一体""岗—课—赛—证—创融合"的现代职教理念和"绿水青山就是金山银山"理念的时代价值。

  本书以加强基础训练和注重能力培养为主线，按照能力递进的基本要求，将全书内容分为五个模块：即走进分析，承担责任；安全管理，生命至上；基本技能，规范有序；核心技能，精益求精和综合技能，追求卓越。全书在实验实训的选择上，遵循由易到难、由简入繁、难繁有度的认识规律，既考虑了实验实训内容的可操作性，同时又注重了真实工作情景的再现，使学习者在"学"与"用"，"知识"与"能力"之间形成良性跨越。进而实现夯实基础、全面提高综合素质和职业能力的目标。

李孝弟

2023 年 5 月

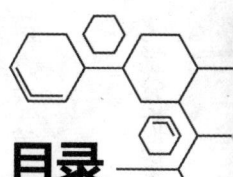

目录 CONTENTS

第一章 走进分析,承担责任 ············ 1
- 第一节 分析化学的发展趋势 ············ 1
- 第二节 化学分析的分类 ············ 2
- 第三节 化验员的岗位职责 ············ 3

第二章 安全管理,生命至上 ············ 6
- 第一节 化验室电器的安全与防护 ············ 6
- 第二节 化验室高压气瓶的安全与防护 ············ 10
- 第三节 化验室化学品的安全与防护 ············ 18
- 第四节 用水的规格、制备、储存及选用 ············ 23
- 第五节 化验室"三废"处理及环境保护 ············ 24
- 第六节 化验室意外事故的一般处理 ············ 26
- 第七节 定量分析中的误差 ············ 30
- 第八节 测量数据的记录与有效数字 ············ 35
- 第九节 分析结果的表达 ············ 37

第三章 基本技能,规范有序 ············ 41
- 第一节 常用玻璃仪器的洗涤 ············ 41
- 第二节 常用玻璃仪器的干燥 ············ 43
- 第三节 三大精密玻璃量器的操作 ············ 45
- 第四节 常用玻璃量器的校准 ············ 50

第五节　电子分析天平的操作 …………………………………… 53

第六节　电子分析天平的校准及故障排除 …………………………… 57

第七节　一般(普通)溶液的制备 …………………………………… 60

第八节　标准溶液的制备 ……………………………………………… 63

第四章　核心技能,精益求精 …………………………………… 66

第一节　了解滴定分析专业术语 …………………………………… 66

第二节　认识酸碱质子理论 ………………………………………… 67

第三节　盐酸标准滴定溶液的配制与标定 ………………………… 69

第四节　氢氧化钠标准滴定溶液的配制与标定 …………………… 71

第五节　食醋总酸度的测定 ………………………………………… 73

第六节　铵盐中氮含量的测定(甲醛法) …………………………… 75

第七节　混合碱液($NaOH$、Na_2CO_3)含量的测定(双指示剂法) …… 77

第八节　EDTA 标准滴定溶液的配制与标定 ……………………… 80

第九节　氯化锌纯度的测定 ………………………………………… 82

第十节　工业冷却循环水中总硬度的测定 ………………………… 84

第十一节　高锰酸钾标准滴定溶液的配制与标定 ………………… 86

第十二节　重铬酸钾标准溶液的配制与标定 ……………………… 89

第十三节　硫代硫酸钠标准滴定溶液的配制与标定 ……………… 91

第十四节　碘标准滴定溶液的配制与标定 ………………………… 94

第十五节　过氧化氢含量的测定 …………………………………… 96

第十六节　抗坏血酸(维生素 C)含量的测定 ……………………… 98

第十七节　碘酸钾含量的测定 ……………………………………… 100

第十八节　硝酸银标准滴定溶液的配制与标定 …………………… 102

第十九节　工业氢氧化钠中氯化钠含量的测定 …………………… 104

第二十节　重量分析法概述 ………………………………………… 106

第二十一节　沉淀重量法 …………………………………………… 108

第二十二节　重量分析结果计算 …………………………………… 117

    第二十三节　氯化钡中结晶水含量的测定……………………………………… 119

第五章　综合技能,追求卓越……………………………………………… 122

  第一节　工业用水分析……………………………………………………… 122
  第二节　样品中金属组分(钴或镍)含量的测定…………………………… 126
  第三节　乙酸乙酯的合成及质量评价……………………………………… 128
  第四节　硫酸亚铁铵的制备及质量评价…………………………………… 132
  第五节　对化学试剂乙醚产品进行采样…………………………………… 137
  第六节　配位滴定分析法——碳酸钙含量的测定………………………… 140

附录 …………………………………………………………………………… 141

参考文献 ……………………………………………………………………… 154

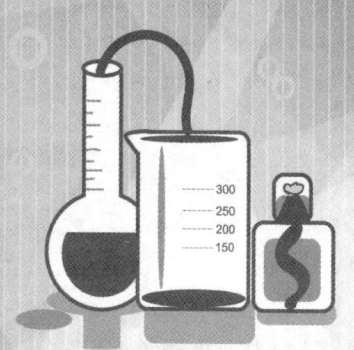
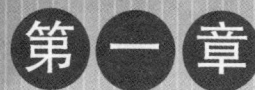

第一章 走进分析,承担责任

第一节 分析化学的发展趋势

分析化学学科的发展经历了三次巨大变革。第一次变革是在 20 世纪初,随着分析化学基础理论,特别是物理化学的基本概念(如溶液平衡理论)的发展,使分析化学从一种技术演变成为一门学科。第二次变革是在 20 世纪 40 年代以后,由于物理学和电子学的发展,改变了经典的以化学分析为主的局面,使仪器分析获得蓬勃发展。目前,分析化学正处在第三次变革时期,生命科学、环境科学、新材料科学发展的要求,生物学、信息科学、计算机技术的引入,使分析化学进入了一个新的境界。第三次变革的基本特点:从采用的手段看,是在综合光、电、热、声和磁等现象的基础上进一步采用数学、计算机科学及生物学等学科新成就对物质进行纵深分析的科学;从解决的任务看,现代分析化学已发展成为获取形形色色物质尽可能全面的信息,进一步认识自然、改造自然的科学。现代分析化学的任务已不只限于测定物质的组成及含量,而是要对物质的形态(氧化—还原态、络合态、结晶态)、结构(空间分布)、微区、薄层及化学和生物活性等做出瞬时追踪、无损和在线监测等分析及过程控制。随着计算机科学及仪器自动化的飞速发展,分析化学家也不能只满足于分析数据的提供,而是要和其他学科的科学家相结合,逐步成为生产和科学研究中实际问题的解决者。近年来,在全世界科学界和分析化学界开展了"化学正走出分析化学""分析物理""分析科学"等热烈讨论,反映了这次变革的深刻程度。

第二节 化学分析的分类

1. 常量分析、半微量分析、微量分析和超微量分析

根据分析试样时所用试样量的多少,化学分析可分为常量分析、半微量分析、微量分析和超微量分析,见表1-1。

表1-1 根据试样量的多少进行分类

方法	试样用量/g	试样体积/mL
常量分析	>0.1	>10
半微量分析	0.01~0.1	1~10
微量分析	0.001~0.01	0.01~1
超微量分析	<0.001	<0.01

2. 常量组分分析、微量组分分析和痕量组分分析

根据被测组分在试样中相对含量的多少,化学分析可分为常量组分分析、微量组分分析和痕量组分分析,见表1-2。

表1-2 根据相对含量的多少进行分类

方法	常量组分分析	微量组分分析	痕量组分分析
相对含量	>1%	0.01%~1%	<0.01%

3. 常规分析、快速分析和仲裁分析

根据在生产中的应用,化学分析可分为常规分析、快速分析和仲裁分析。

常规分析是指化工企业实验室为配合生产所进行的日常分析,也称为例行分析。快速分析则是要求在很短的时间内快速给出分析结果,如炼钢过程的炉前分析。当不同单位对同一试样给出的分析结果有很大差异且产生争议时,则要求具有一定权威的部门,采用制定的标准分析方法进行分析,以确定分析结果的可靠性,这种分析称为仲裁分析。

第三节 化验员的岗位职责

在化验室的各项管理制度中,在满足设计规范合理的实验室、必需的分析仪器与设备、齐全合格的化学试剂等硬件设施要求基础上,化验员良好的技术业务素质的养成及科学管理,对保证分析测试质量尤为重要。

一、化验员的岗位职责

(1) 按照各项检测项目的检测方法标准进行检验分析,熟悉所用仪器与设备的操作规程,认真填写仪器与设备的工作状态并记录。

(2) 认真填写样品交接单。

(3) 遵守分析和测量控制程序,认真填写检验原始记录,保证分析数据准、全、可靠,对检测质量负责。

(4) 发现测试结果出现异常时,要查找原因,重新测定样品,并及时报告负责人。

(5) 做好实验室器皿清洗、归类存放工作,保持室内整洁卫生。

(6) 努力学习业务知识,刻苦钻研检测技术,探讨掌握的分析方法,不断提高检测水平。

(7) 自觉遵守企业的各项规章制度,坚守工作岗位,注意安全操作,下班前检查水、电、门、窗是否关好。

(8) 熟悉污水处理、检测和排放的有关法律、法规、标准和规章制度,严守职业道德,实事求是地做好检测工作。

二、化验员应具有的工作能力

1. 能安装、检验和使用简单的常用仪器

(1) 认真阅读、正确理解仪器使用说明书。

(2) 掌握简单仪器的使用方法、结构、工作原理等。

(3) 能对简单仪器的性能进行检验。

2. 能检查和排除常见故障

(1)用万用表或测电笔检查一般电路故障。

(2)排除常见仪器与设备的一般故障。

3. 能对实验数据进行准确处理

(1)按仪器精度和实验方法记录实验数据。

(2)按照有效数字规则进行计算。

(3)用列表或绘图等方法正确表达实验结果。

4. 会选择适宜的测定方法

充分了解各种仪器与设备的使用范围,根据测定项目选择相应的测定方法。

5. 会选择适宜的试验条件进行待测物质的测定

6. 能按测定结果,写出符合实际情况并且结果可靠的实验报告

三、化验员应具有的良好工作习惯

1. 保持化验室的整洁和注意安全

(1)化验室应保持整洁,经常打扫卫生,做到门窗、玻璃、地板干净。

(2)仪器、试剂存放有序,便于使用。

(3)化验室内应保持安静,不得高声说话和随意走动。

(4)实验进行中所用的仪器、试剂要放置合理、有序,实验台面要清洁、整齐。

(5)每完成一个阶段的分析任务要及时整理;全部工作结束后,一切仪器、试剂、工具等都要放回原处。

(6)工作时要穿实验工作服。实验工作服不得在非工作场所穿用,以免有害物质扩散。工作前后要及时洗手,以免因手脏而玷污仪器、试剂和试样,以致引入误差,或将有害物质带出化验室,甚至入口、入眼,导致伤害和中毒。

2. 正确使用和爱护仪器

(1)严格按照仪器操作规程认真操作仪器,不了解仪器的使用方法时,不得乱试,不得擅自拆卸仪器。应当养成首先了解仪器的性能、特点及使用要求,然后严格遵守操作规程进行实验正确使用和爱护仪器的习惯。

(2)经常保持仪器的清洁和干燥,定期用小型除尘器除尘,定期更换干燥剂。实验完毕,应盖上仪器防尘罩。

(3)使用仪器前应检查各开关是否处于安全的位置,特别注意灵敏度旋钮是否放在灵敏度最低挡。实验完毕,各仪器应复原。

(4)养成耐心、细致、文明、有条不紊使用仪器的习惯,克服急躁、图快、鲁莽、忙乱的操作行为。如有仪器损坏,必须及时登记、补领并且按照规定赔偿。

3. 充分利用实验时间

(1)工作前要有计划,做好充分准备,使整个分析测试过程能有条不紊、紧张有序地进行。

(2)实验前必须充分预习。了解实验的目的与要求;掌握实验所依据的基本理论,明确需要测定、记录的数据;了解所用仪器的基本构造和操作规程,做到心中有数。

(3)测试操作过程中要培养精细观察实验现象,准确、及时、如实记录实验数据的科学工作作风。数据要记录在专用的记录本上,记录要严格按照相关要求及时、真实、齐全、整洁、规范。如有错误,要划掉重写,不得涂改。

(4)结束实验前,应核对数据,并对最后结果进行估算,如果必要,应补测数据。

(5)熟悉实验室的规章制度,并自觉遵照执行。

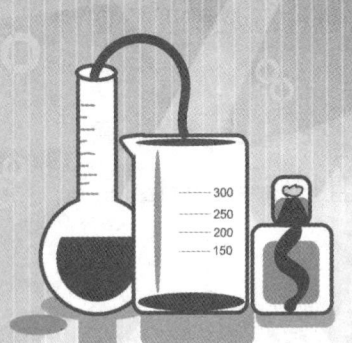

第二章 安全管理，生命至上

第一节 化验室电器的安全与防护

电，是人类生产、人们生活活动中必不可少的重要能源，正确、合理用电可以提升生产力、方便日常生活。但是如果不注意科学用电、安全用电，也会给生产和生活带来不便，甚至会酿成事故或灾难。

一、化验室常用仪器设施概况

(1) 恒温/加热/干燥设备：电炉、水浴、烘干机。

(2) 气体发生器：氢气发生器、空气发生器。

(3) 分散设备：离心机。

(4) 测量及计量仪器：电子天平、分析天平。

(5) 色谱：气相色谱仪、液相色谱仪。

(6) 光谱：紫外可见分光光度计、原子吸收分光光度计。

(7) 光学仪器：折光仪、圆盘旋光仪。

(8) 石油专用分析仪器：闪点仪、密度测定仪、蒸馏测定仪、硫含量测定仪、运动黏度测定仪等。

二、化验室使用电气设备的安全规则

(1)使用电气设备时必须事先检查开关、电机以及机械设备各部分是否安置妥当。

(2)开始工作和停止工作时必须将开关扣严和拉下。

(3)换保险丝时,要按负荷选用保险丝,不准加大或以铜代替使用。

(4)电气开关箱内不准放任何物品。

(5)严禁用导电器具去洗扫电器和用湿布擦洗电器。

(6)凡电气动力设备超过允许温度时,应立即停止运转。

(7)定碳定硫炉两端应设安全罩。安全罩严禁随意拆掉,以免发生触电事故。

(8)禁止洒水在电气设备和线路上以免漏电。

(9)凡使用110 V以上电源装置仪器的金属外壳必须安装接地线。

(10)严禁湿手分、合、关或接触电气设备。

三、化验室安全用电的注意事项

在化验室工作中,使用各种电气仪器设备时,要注意安全用电,以避免发生触电和用电事故,因此必须遵守以下几点注意事项。

(1)使用新电气仪器前,先应弄懂它的使用方法和注意事项,不要盲目地接电源。

(2)使用搁置时间长的电气仪器,应预先仔细检查,发现有损坏的地方,应及时修理,不要勉强使用。

(3)湿手不可接触带电体,人不能在潮湿的地方使用电器,也不许把使用的电器、导线置于潮湿的地方,否则很容易触电。

(4)应按照电路上的实际用电量来选用适当的保险丝,不可用铜丝作为保险丝。

(5)电气装置的盖子破了,人碰到裸露的带电部分,就会触电,因此必须及时修复和更换。

(6)活动的电气仪器设备,除应关去开关外,还应把插头拔下,以防开关失灵而长期通电,损坏电器。

(7) 各种电气设备的绝缘应良好,并且必须有接上地线的安全措施。

(8) 某些仪器上的开关,一定要安装在火线上。当开关切断电源后,电器均不带电,如果开关安装在地线上,虽然开关切断,电气设备仍带电,因而仍有触电的危险。

(9) 各种电气材料均有一定的使用范围,不可随便装用。例如,导线粗细应根据电流大小正确选用,低压开关不可装在高压电路上使用。如果弄错了,就有烧毁电器和触电的危险。

(10) 在电气设备发生火灾时,应拉开电源开关,切断电源并立即扑灭火灾,在电源未切断之前可用干沙、四氯化碳和二氧化碳灭火器等不导电的灭火工具灭火,不能用水和泡沫灭火器等导电物救火,以免造成触电事故。水和泡沫有传电危险,且电器经它们浸湿后容易损坏,影响恢复用电,故一般不用。

(11) 搞室内环境卫生,清洁大扫除时,不可把电线和电气设备弄湿。

四、化验室安全用电的常识

人体通过 50 Hz 的交流电 1 mA 就有感觉;10 mA 以上会使肌肉收缩;25 mA 以上则感觉呼吸困难,甚至停止呼吸;100 mA 以上则使心室产生颤动,以致无法救活。因此使用电气设备时,须注意防止触电。

(1) 操作电器时,手必须干燥,因为手潮湿时电阻显著变小,易于引起触电。

(2) 电源裸露部分都应配备绝缘装置,电开关应有绝缘匣,电线接头必须包以绝缘胶布或套胶管。所有电气设备的金属外壳应接上地线。

(3) 已损坏的接头或绝缘不好的电线应及时更换,不能直接用手去摸绝缘不好的通电器。

(4) 修理或安装电气设备时,必须先切断电源。

(5) 不能用试电笔去试高压电。

(6) 每个实验室有规定允许使用的最大电流,每路电线也有规定的限定电流,超过时会使导线发热着火。导线不慎短路也容易引起事故。控制负荷超载的简便方法是按限定电流使用熔断片(保险丝)。更换保险丝时应按规定选用,不可用铜、铝等金属丝代替保险丝,以免烧坏仪器或发生火灾。

(7) 电线接头间要接触良好、紧固,避免在振动时产生电火花。电火花可能引起实验室的燃烧与爆炸。

（8）禁止高温热源靠近电线。

（9）电动机械设备使用前应检查开关、线路、安全地线等各部设备零件是否完整妥当，运转情况是否良好。

（10）严禁使用湿布擦拭正在通电的设备、电门、插座、电线等，严禁洒水在电气设备上和线路上。

（11）在用高压电操作时，要穿上胶鞋并戴上橡皮手套，地面铺上橡皮。

（12）实验室的电气设备和电路不得私自拆动及任意进行修理，也不得自行加接电气设备和电路，必须由专门的技术人员进行。

（13）每间化验室都有电源总闸。停止工作时，必须把总闸关掉。

（14）多台大功率的电气设备要分开电路安装，每台电气设备有各自的熔断器。

（15）有人受到电伤害时，要立即用不导电的物体把电线从触电者身上挪开，切断电源，把触电者转移到空气新鲜的地方进行人工呼吸，并迅速与医院联系。

五、预防措施

（1）实验室应有电源总闸，停止工作时，应关闭总闸门。以楼层为控制单元的，在电源总闸上应明示控制开关的区域。

（2）实验室电器插头和连接用插头应符合相关要求。

（3）实验室所有电气设备应正确接地，所有电线都处于良好状态，无开裂、脆化、磨损现象。

（4）禁止电线横穿地板。

（5）所有电机应有过载保护或热继电器保护。

（6）电机外壳应有明显的安全警示。

（7）高温电器如高温马弗炉、电热烘箱等不得放置在木质或合成材料桌面上，并在电器明显处应有"高温""防烫""触电危险"等标识牌。

（8）加热电器的接线端子等应处于封闭状态，不能裸露。

（9）大功率电器应有过载保护、漏电保护、单独地线。

（10）实验室应有独立配电箱或配线盒，墙面配电箱/盒采用带盖封闭式。

（11）配线箱/盒应从楼层或房间内的配电柜连接。

（12）实验室电容量与用电设备功率需匹配，电源插座须固定。

（13）插座、插头、接线板符合国家质量认证的合格产品。

（14）不得乱拉临时电线，套接接线板。固定电源插座应保持完整无损坏，避免多台设备使用共同的电源插座。接线板和插座的配制应满足所用电气设备的负荷。

（15）配电柜、接线盒等过载保护器后引出的电线，应用硬线管保护。

（16）电线宜布置在线廊、塑料管或蛇皮管内。

（17）无防护管保护的电线，应用软管保护。

（18）软电线宜固定在设备或框架上。

（19）通风橱内不宜设置或放置插座、插头、接线板。

第二节　化验室高压气瓶的安全与防护

化验室的气体钢瓶，主要是指各种压缩气体钢瓶，如氧气钢瓶、氢气钢瓶、氮气钢瓶、液化气钢瓶等。气体钢瓶的危险主要是气体泄漏造成人员中毒，或爆炸、火灾等造成化验室房屋、仪器设备损坏或人员伤亡。

一、气体钢瓶的常用标记及使用注意事项

1. 氢气钢瓶

氢气是易燃易爆气体，氢气与空气混合到一定比例（4%～75.6%），会形成爆炸气体，遇到微火源（含静电和撞击大火）就会引起严重的爆炸。确保用氢安全是头等大事，必须严格遵守操作规程。

氢气钢瓶的常用标记，如图 2-1 所示。

氢气使用及注意事项：

（1）操作人员上岗前必须穿戴好防护用品，不准携带易燃易爆物品进入工作现场。

（2）使用氢气前，先要检查压力表、流量计是否正常。

（3）检查各接点部位是否有漏气现象，如有渗

图 2-1　氢气钢瓶

漏应及时关闭阀门,待修。

(4)用氢人员必须强化安全意识,牢固树立安全第一思想,认真执行各项规章制度,切实做好安全工作。

(5)任何人员不得携带火种进入使用氢气现场,不可穿戴易产生静电的化纤服装。

(6)氢气系统运行时,不准敲击,不准带压修理和紧固,不得超压,严禁负压。

(7)不准在室内排放氢气,吹洗置换、放空降压,必须通过放空管排放。

(8)当氢气发生大量泄漏或积聚时,应立即切断气源,进行通风,不得进行可能产生火花的一切操作。

(9)新安装或大修的氢气系统必须做耐压、清洗和气密性试验,符合有关的检验要求,才能投入使用。

(10)用氮气置换氢气时,氮气中含氧量不得超过3%。

(11)氢气系统动火检修,必须保证系统内部和动火区域氢气的最高含量不超过0.4%。

2. 氧气钢瓶

氧气是一种化学性质比较活泼的气体,它可以与金属、非金属、化合物等多种物质发生氧化反应,表现为缓慢氧化、燃烧、爆炸等。空气中可燃烧的物质,在氧气中燃烧得更剧烈,而某些在空气中不燃烧的物质,在氧气中也可以发生燃烧。

氧气钢瓶的常用标记,如图2-2所示。

氧气使用及注意事项:

(1)操作处置:a.密闭操作,提供良好的自然通风条件;b.操作人员必须经过专门培训,严格遵守操作规程;c.远离火种、热源,工作场所严禁吸烟;d.远离易燃、可燃物;e.防止气体泄漏到工作场所空气中;f.避免与活性金属粉末接触;g.搬运时轻装轻卸,防止钢瓶及附件破损;h.配备相应品种和数量的消防器材及泄漏应急处理设备。

图2-2 氧气钢瓶

(2)储存:a.储存于阴凉、通风的库房;b.远离火种、热源;c.库温不宜超过30 ℃;d.应与易(可)燃物、活性金属粉末等分开存放,切忌混储;e.储区应备有泄漏应急处理设备。

(3)储运:a.氧气钢瓶不得沾污油脂;b.采用钢瓶运输时,必须戴好钢瓶上的安全帽;c.钢瓶一般平放,并应将瓶口朝同一方向,不可交叉,高度不得超过车辆的防护栏板,并用三角木垫卡牢,防止滚动;d.严禁与易燃物或可燃物、活性金属粉末等混装混运;e.夏季应早晚运输,防止日光曝晒;f.铁路运输时,要禁止溜放。

3. 乙炔气钢瓶

纯乙炔为无色无味的易燃气体,而电石制的乙炔因混有硫化氢(H_2S)、磷化氢(PH_3)、砷化氢(AsH_3)而带有特殊的臭味。乙炔的熔点为(118.656 kPa)-84 ℃,沸点为-80.8 ℃,闪点为-17.78 ℃,自燃点为305 ℃,在空气中的爆炸极限为2.3%~72.3%(vol)。乙炔的点火能很小,约为一般易燃气体的1/10,在液态和固态下或在气态和一定压力下有猛烈爆炸的危险,受热、震动、电火花等因素都可以引发爆炸。

乙炔钢瓶的常用标记,如图2-3所示。

乙炔气使用及注意事项:

(1)乙炔气钢瓶必须放在通风良好、无直射阳光的室外。

(2)使用时先开启空气压缩机调节使输出压力为0.3 MPa。

(3)用专用扳手打开乙炔气钢瓶主阀,顺时针转动乙炔减压阀,调至0.05~0.08 MPa后,确认水封完好,按动点火开关。

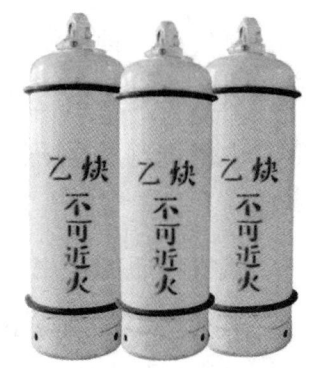

图2-3 乙炔气钢瓶

(4)工作完毕后,先关断乙炔气钢瓶主阀,火焰自动熄灭,然后关闭灭火开关,最后关闭空气压缩机。

(5)乙炔气钢瓶的输出压力不得超过0.1 MPa,当乙炔气钢瓶压力降至0.4 MPa时应停止使用。

4. 氮气钢瓶

氮在常况下是一种无色无味无臭的气体,且通常无毒。氮气占大气总量的78.12%(体积分数),在标准情况下的气体密度是 1.25 g/L,氮气在水中溶解度很小,在常温常压下,1 体积水中大约只溶解 0.02 体积的氮气。氮气是难液化的气体。氮气在极低温下会液化成无色液体,进一步降低温度时,会形成白色晶状固体。

氮气钢瓶的常用标记,如图 2-4 所示。

氮气使用及注意事项:

(1)气瓶应按要求存放,保证通风良好,温度不超过 40 ℃。

(2)使用前,先调整仪器各分析条件至最佳,再打开氮气钢瓶主阀、减压阀,使输出压力为 0.2 MPa。

图 2-4 氮气钢瓶

(3)工作完毕后,使仪器各状态归零,关掉氮气钢瓶各阀门。

(4)当氮气钢瓶压力低至 1.0 MPa(10 kg/cm^2)时,应即时换上新的钢瓶。

二、案例分析及预防措施

1. 案例分析——氩气瓶爆炸事故警示

(1)事故基本情况。

2022 年 4 月 9 日,A 金属制品有限公司发生一起氩气瓶爆炸事故,造成 3 人死亡(其中 2 人经抢救无效死亡)。A 金属制品有限公司主要从事钢板网、冷弯型材等金属制品(材料)生产、销售。

(2)事故发生经过。

11 点 30 分左右,李某、杨某、王某 3 人使用高频焊机进行作业过程中,正在使用的氩气钢瓶中的氩气用完,3 人开始更换氩气钢瓶实瓶;11 时 40 分左右,氩气钢瓶实瓶在更换过程中发生爆炸,导致 1 人死亡,2 人受伤(后经抢救无效死亡)。

(3)事故暴露出的主要问题。

①企业未认真组织开展安全风险辨识,对氩气钢瓶使用过程中的安全风险

辨识不到位。

②企业隐患排查治理不深入、不细致,未将氩气供应企业提供使用的氩气钢瓶纳入日常隐患排查内容。

③企业未建立氩气钢瓶使用安全操作规程,对氩气钢瓶现场安全管理不到位。

2. 预防措施

(1)气瓶采购安全管理——供应商安全资质管理。

①所有气瓶供应商均必须持有省级质监部门颁发的在有效期内"气瓶充装许可证",持有合法的营业执照,并必须承诺对气瓶的安全负全面责任。

②氧气、氩气和溶解乙炔气瓶供应商必须持有市公安消防局核发的"危险化学品经营许可证",其中溶解乙炔气瓶外壁必须喷涂白色漆、产品名称和生产厂家名称。

③经营部负责向气瓶供应商索取上述各种资质和证照的复印件,交安环部保存备案。

(2)气瓶采购质量管理。

①供应商提供的所有气瓶上均必须粘贴符合安全技术规范和国家标准的警示标签和检验合格证。

②供应商必须确认其所提供的所有气瓶均已办理"气瓶使用登记证",定期检验合格并在有效期内。所有气瓶均应在明显部位标有气瓶使用登记代码永久性标记。禁止采购无标记或标记模糊不清的气瓶。

③经营部负责落实气瓶采购质量要求,并将其写入与供应商签订的采购协议中。安环部负责保存该协议的复印件备查。

(3)气瓶使用与保存安全管理。

气瓶均属特种设备。气瓶的储存部门应安排专人接收,清点过数,并将气瓶放置到安全位置。发现下列情况之一的气瓶不得接收。

①气瓶的颜色标记与所需的气体不符,或颜色标记模糊不清,或表面漆色覆盖在另一种漆色之上。

②气瓶上未粘贴气体充装后的检验合格证,或合格证上未标明充装日期和

最终充装压力(气瓶充装后必须静置24 h方可进行出厂检查,因而合格证上的充装日期至少应比接收日期早一天)。

③气瓶缺少齐全、完好的附件,如防震圈、瓶帽、瓶阀。

④气瓶的外表存在腐蚀、变形、磨损、裂纹等严重缺陷。

⑤氧气、溶解乙炔气瓶的瓶体、瓶嘴处有油脂。

(4)气瓶搬运与储存安全管理。

①气瓶应储存在专用仓库内,气瓶仓库应符合《建筑设计防火规范》的有关规定,仓库与其他建筑物的距离应不少于20 m,在10 m以内不得存放易燃易爆物品,不得进行明火作业,并有明显禁火标志。

②仓库内不得有地沟、暗道和底部通风孔,并且严禁任何管线穿过,严禁明火和其他热源,存储场所应通风、干燥、防止雨(雪)淋、水浸,避免阳光直射。

③空瓶与实瓶两者应分开放置,并有明显标志。氧气、溶解乙炔气瓶存放附近区域应设置充足的消防器材和防毒器具,有明显的安全标志。溶解乙炔气瓶不得与氧气瓶或其他易燃物品同室储存,氧气瓶不得与油料和其他易燃物品同室储存。

④气瓶(包括空瓶)存储时应将瓶阀关闭,卸下减压器,佩戴好瓶帽,整齐排放,留出通道。立放时,应设有防倒装置;横放时,应防止滚动,头部朝一方,垛高不宜超过五层。

⑤存储可燃、爆炸性气体气瓶的库房内照明设备必须防爆,电器开关和熔断器都应设置在库房外,同时应设避雷装置。禁止将气瓶放置到可能导电的地方。

⑥卸车时应在气瓶落地点铺上软垫或橡胶皮垫,逐个卸车,禁止采用抛、滑、滚、碰及其他容易引起撞击的方法进行装卸或搬运气瓶。

⑦气瓶在室内存储期间,特别是在夏季,应定期测试存储场所的温度和湿度,并做好记录。存储场所最高允许温度应根据盛装气体的性质而确定,储存场所的相对湿度应控制在80%以下。

⑧存储可燃性气体气瓶的室内储存场所,必须监测储存点空气中可燃性气体的浓度。如果浓度超标,应强制换气或通风,并查明危险气体浓度超标的原因,采取整改措施。

⑨如果气瓶漏气,首先应根据气体性质做好相应的人体保护,在保证安全的前提下,关闭瓶阀。如果瓶阀失控或漏气点不在瓶阀上,应采取相应紧急处理措施。

⑩应定期对存储场所的用电设备、通风设备、气瓶搬运工具和栅栏、防火和防毒器具进行检查,发现问题及时处理。

⑪公司氧气瓶和溶解乙炔气瓶的收、发由机修部门统一管理。当班人员应详细记录满瓶、空瓶接收和发放数量及当前库存,所有发出的气瓶均应有接收人签字。机修主管每周至少检查一次、安环部每月至少检查一次气瓶出入库记录和库存状况,对不合规范要求的问题提出整改意见,记录在气瓶出入库记录本上。气瓶存放和使用的责任部门应及时整改。

⑫气瓶使用和保管人员发现气瓶数量有误时,应立即查找,并向本部门领导汇报,后者应立即组织人员协助查找,并通报安环部。如接报 24 小时后仍未找到,部门领导应向公司主管领导或总经理报告。

(5)气瓶使用安全管理。

①气瓶使用人员应持有相应的资质证书(焊工作业证等),经部门经理批准后方可上岗操作。氧气、氩气和溶解乙炔气瓶除具有合法资质的焊工外,其他人不得使用。

②气瓶储存和使用时,应注意防止周边高温、明火、腐蚀性化学物质对气瓶的影响,尽可能远离反应装置,应与办公、居住区域保持 10 m 以上,并有可靠的防倾倒、暴晒、雨淋、水浸等措施,环境温度超过 40 ℃时,应采取遮阳等措施降温。气瓶使用部门现场管理人员负责落实和检查上述安全措施,安环部负责监督。

③气瓶使用前应检查减压器、流量表、软管、防回火装置是否有泄漏、磨损及接头松懈等现象,并对盛装气体进行确认。

④近距离(5 m 内)移动气瓶,应手扶瓶肩转动瓶底,并且要使用手套。移动距离较远时,应使用专用小车搬运气瓶,特殊情况下可采用适当的安全方式搬运。禁止随便在地上滚动,禁止用起重设备直接吊运气瓶。

⑤气瓶应在通风良好的场所使用。如果在通风条件差或狭窄的场地里使用

气瓶,应采取相应的安全措施,以防止出现氧气不足,或危险气体浓度加大的现象。安全措施主要有强制通风、氧气监测和气体检测等。

⑥氧气瓶和乙炔气瓶使用时应分开放置,至少保持 5 m 间距,且距明火 10 m 以外。盛装易发生聚合反应或分解反应气体的气瓶,如乙炔气瓶,应避开放射源。

⑦乙炔气瓶必须立放使用,严禁卧放,使用前应采取防倾倒措施,直立 20 min 后,然后连接减压阀使用。

⑧气瓶及附件应保持清洁、干燥,防止沾染腐蚀性介质、灰尘等。氧气瓶阀不得沾有油脂,焊工不得用沾有油脂的工具、手套或油污工作服去接触氧气瓶阀、减压器等。

⑨禁止将气瓶与电气设备及电路接触,以免形成电气回路。与气瓶接触的管道和设备要有接地装置,防止产生静电造成燃烧或爆炸。在气、电焊混合作业的场地,要防止氧气瓶带电,如地面是铁板,要垫木板或胶垫加以绝缘。乙炔气瓶不得放在橡胶等绝缘体上。

⑩气瓶瓶阀或减压器有冻结、结霜现象时,不得用火烤,可将气瓶移入室内或气温较高的地方,或用 40 ℃ 以下的温水冲浇,再缓慢地打开瓶阀。严禁用温度超过 40 ℃ 的热源对气瓶加热。

⑪开启或关闭瓶阀时,应用手或专用扳手,不准使用其他工具,以防损坏阀件,可燃气体与助燃气体的输送软管必须采用规定的颜色。

⑫使用气瓶时应先装好压力调节器,开启或关闭气瓶阀门时应缓慢进行,特别是盛装可燃气体的气瓶,以防止产生摩擦热或静电火花。打开气瓶阀门时,操作者应站在侧面,以免受到高压气体的冲击,使用乙炔气瓶时,必须在压力调节器后端安装回火防止器。

⑬乙炔气瓶使用过程中,开闭乙炔气瓶瓶阀的专用扳手应始终装在阀上。暂时中断使用时,必须关闭焊、割工具的阀门和乙炔气瓶瓶阀,严禁手持点燃的焊、割工具调节减压器或开、闭乙炔气瓶瓶阀。

⑭正常使用时,乙炔气瓶的放气压降不得超过 0.1 MPa/h,如需较大流量时,应采用多只乙炔气瓶汇流供气。

⑮气瓶使用完毕后应关闭阀门,释放减压器压力,并佩戴好瓶帽。

⑯瓶内气体不得用尽,必须留有剩余压力。压缩气体气瓶的剩余压力应不小于0.05 MPa,液化气体气瓶应留有不少于0.5%~1.0%规定充装量的剩余气体,并关紧阀门,防止漏气,使气压保持正压。

⑰气瓶使用完毕,要妥善保管。空瓶上应标有"空瓶"标签;已用部分气体的气瓶,应标有"使用中"标签;未使用的满瓶气瓶,应标有"满瓶"标签。

⑱使用过程中发现气瓶泄漏,要查找原因,及时采取整改措施。严禁在泄漏的情况下使用气瓶。

(6)气瓶安全技术检查。

①安环部每月组织一次对公司气瓶的安全技术检查,设备部和气瓶的使用、储存责任部门参加。安环部负责填写"气瓶安全技术检查表"。机修部门对其使用和储存的氧气和溶解乙炔气瓶应每周进行一次安全技术检查,由机修主管负责填写"气瓶安全技术检查表"。

②对气瓶安全技术检查中发现的安全问题和事故隐患,由设备部负责召集安环部和气瓶使用部门商讨解决方案,并及时向公司主管领导报告。安环部负责记录并跟踪气瓶安全问题和事故隐患的处理过程。

第三节　化验室化学品的安全与防护

化学试剂是进行化学研究、成分分析的相对标准物质,是科技进步的重要条件,广泛用于物质的合成、分离、定性和定量分析,可以说是化学工作者的眼睛,在工厂、学校、医院和研究所的日常工作中,都离不开化学试剂。

一、化学试剂的分类

化学试剂级别繁杂,品种众多。一般常规品种(一类试剂)即必需品种,有225种,在我国的北京、天津、上海、西安、成都、广州、沈阳化学试剂基地基本上互补生产。二类试剂几乎应用于一切领域,也是厂商必备的品种,有1 800~2 000种,此类试剂需求量大,应用广泛。三类试剂有3 000~6 000种,它们大多为关系到国计民生的诸如化工、冶金、电力、食品、医药卫生等行业中特定使用的行业试剂。

在我国,采用优级纯、分析纯、化学纯三个级别表示的化学试剂,按照中华人民共和国国家标准和原化工部颁布标准,共计225种。这225种化学试剂以标准的形式,规定了我国的化学试剂含量的基础。其他化学品的含量测定都以此为基准。因此,这些化学试剂的质量就显得十分重要。同时,这225种化学试剂由于用途极为广泛而成为基本品种,在化学试剂目录中均已标注。此外,还有特种试剂,生产量极小,几乎是按需定产。

化学试剂的类别和用途,见表2-1。

表2-1 化学试剂的类别和用途

试剂类别	英文缩写	标签颜色	主成分含量和纯度	用途
优级纯	GR	绿色	主成分含量很高、纯度很高	适用于精确分析和研究工作,有的可作为基准物质
分析纯	AR	红色	主成分含量很高、纯度较高,干扰杂质很低	适用于工业分析及化学实验
化学纯	CP	蓝色	主成分含量高、纯度较高、存在干扰杂质	适用于化学实验和合成制备
实验纯	LR	黄色	主成分含量高、纯度较差,杂质含量不做选择	只适用于一般化学实验和合成制备
指示剂和染色剂	ID 或 SR	紫色	要求有特有的灵敏度	指示剂用于滴定操作中指示滴定反应终点的到达;染色剂用于做生物医学实验或者某些物理化学实验时,更好地观察到实验效果

二、化学试剂稳定性的判断

初步判断一个物质的稳定性,可遵循以下几个原则。

(1)无机化合物,只要妥善保管,包装完好无损,就可以长期使用。但是,那些容易氧化、容易潮解的物质,在避光、荫凉、干燥的条件下,只能短时间(1~5

年)内保存,具体要看包装和储存条件是否合乎规定。

(2)有机小分子量化合物一般挥发性较强,包装的密闭性要好,可以长时间保存。但容易氧化、受热分解、容易聚合、光敏性的物质等,在避光、荫凉、干燥的条件下,只能短时间(1~5年)内保存,具体要看包装和储存条件是否合乎规定。

(3)有机高分子,尤其是油脂、多糖、蛋白、酶、多肽等生命材料,极易受到微生物、温度、光照的影响,而失去活性,或变质腐败,故此,要冷藏(冻)保存,且时间也较短。

(4)基准物质、标准物质和高纯物质,原则上要严格按照保存规定来保存,确保包装完好无损,避免受到化学环境的影响,且保存时间不宜过长。基准物质必须在有效期内使用。

(5)大多数化学品的稳定性还是比较好的,具体情况要由实际使用要求来判定。如果分析数据作为一般了解,或者分析结果没有特定的准确要求,如一般教学实验,对化学试剂的质量级别就可以做一般要求。但工厂化验数据为指导生产而用,化学试剂的质量指标绝对不能含糊。用于一般合成制备使用的化学试剂,在大多数情况下,使用工业级别的化学试剂就可以满足。但研究型和某些特种化学品的合成制备,有些情况下,对原料的质量要求非常严格,需要严格把关。

三、选用及储存化学试剂的注意事项

实验前应了解所用药品的毒性、性能和防护措施。

(1)使用有毒气体(如 H_2S、Cl_2、Br_2、NO_2、HCl、HF)应在通风橱中进行操作。

(2)苯、四氯化碳、乙醚、硝基苯等蒸气经常久吸会使人嗅觉减弱,烃、醇、醚等有机物对人体有不同程度的麻醉作用,必须高度警惕,操作时戴防护口罩。

(3)如 HF 侵入人体,将会损伤牙齿、骨骼、造血和神经系统。

(4)三氧化二砷、氰化物、氯化汞等是剧毒品,吸入少量会致死。

(5)有机溶剂能穿过皮肤进入人体,应避免直接与皮肤接触。

(6)剧毒药品如汞盐、镉盐、铅盐等应妥善保管。

(7)乙醚、酒精、丙酮、二硫化碳、苯等有机溶剂易燃,要远离明火和电火花,实验室不得存放过多,切不可倒入下水道,以免集聚引起火灾。

（8）金属钠、钾、铝粉、电石、黄磷以及金属氢化物要注意使用和存放，尤其不宜与水直接接触。

（9）氢、乙烯、乙炔、苯、乙醇、乙醚、丙酮、乙酸乙酯、一氧化碳、水煤气和氨气等可燃性气体与空气混合至爆炸极限，一旦有热源诱发，极易发生爆炸。

（10）过氧化物、高氯酸盐、叠氮化铅、乙炔铜、三硝基甲苯等易爆物质，受震或受热可能发生热爆炸。

（11）强氧化剂和强还原剂必须分开存放，使用时轻拿轻放，远离热源。

四、危险化学品及其分类

1. 危险化学品的定义

危险化学品是指具有毒害、腐蚀、爆炸、燃烧、助燃等性质，对人体、设施、环境具有危害的剧毒及其他化学品；或是指有爆炸、易燃、毒害、腐蚀、放射性等性质，在运输、装卸和储存保管过程中，易造成伤亡和财产损毁而需特别防护的物品。

2. 危险化学品的分类

第一类：爆炸品。爆炸品指在外界作用下（如受热、摩擦、撞击等）能发生剧烈的化学反应，瞬间的气体和热量使周围的压力急剧上升，发生爆炸，对周围环境、设备、人员造成破坏和伤害的物质。

第1项：具有整体爆炸危险的物质和物品，如高氯酸。

第2项：具有抛射危险但无整体爆炸危险的物质和物品。

第3项：具有燃烧危险和较小爆炸危险的物质和物品，如二亚硝基苯。

第4项：无重危险的爆炸物质和物品，如四唑-1-乙酸。

第5项：非常不敏感的爆炸物质。

第二类：压缩气体和液化气体，指压缩的、液化的或加压溶解的气体。这类物品当受热、撞击或强压时，容器内压力急剧增大，致使容器破裂，物质泄漏、爆炸等。

第1项：易燃气体，如氨气、一氧化碳、甲烷等。

第2项：不燃气体（包括助燃气体），如氮气、氧气等。

第3项：有毒气体，如氯（液化的）、氨（液化的）等。

第三类：易燃液体，在常温下易挥发，其蒸气与空气混合能形成爆炸性混合物。

第1项：低闪点液体，即闪点低于-18 ℃的液体，如乙醛、丙酮等。

第2项：中闪点液体，即闪点在-18～23 ℃的液体，如苯、甲醇等。

第3项：高闪点液体，即闪点在 23～61 ℃的液体，如环辛烷、氯苯、苯甲醚等。

注意：闪点是指在一稳定的空气环境中，可燃性液体或固体表面产生的蒸气在试验火焰作用下被闪燃时的最低温度，即可燃液体或固体能放出足量的蒸气并在所用容器内的液体或固体表面处与空气组成可燃混合物的最低温度。可燃液体的闪点随其浓度的化而变化。

第四类：易燃固体、自燃物品和遇湿易燃物品。这类物品易引起火灾。

第1项：易燃固体，指燃点低，对热、撞击、摩擦敏感，易被外部火源点燃，迅速燃烧，能散发有害有毒气体的固体，如红磷、硫黄等。

第2项：自燃物品，指自燃点低，在空气中易于发生氧化反应放出热量而自行燃烧的物品，如黄磷、氢化钛。

第3项：遇湿易燃物品，指遇水或受潮时，发生剧烈反应，放出大量易燃气体和热量的物品。有的遇火，就能燃烧或爆炸，如金属钠、氢化钾。

第五类：氧化剂和有机过氧化物。这类物品具有强氧化性，易引起燃烧、爆炸。

第1项：氧化剂，指具有强氧化性，易分解放出氧和热量的物质。氧化剂对热、震动和摩擦比较敏感，如高锰酸钾等。

第2项：有机过氧化物，指分子结构中含有过氧键的有机物，易燃易爆、极易分解，对热、摩擦极为敏感，如过氧化苯甲酰、过氧化甲乙酮等。

第六类：毒害品，指进入人(动物)体后，累积达到一定的量能与体液和组织发生反应，扰乱或破坏肌体的正常生理功能引起暂时或持久性的病理改变，甚至危及生命的物品，如氰化物、砷化物、化学农药等。

第七类：放射性物品，属于危险化学品，但不属于《危险化学品安全管理条例》的管理范围，国家有专门的"条例"来管理。

第八类:腐蚀品,指能灼伤人体组织并对金属等物品造成损伤的固体或液体。

第1项:酸性腐蚀品,如硫酸、硝酸、盐酸等。

第2项:碱性腐蚀品,如氢氧化钠、硫氢化钙等。

第3项:其他腐蚀品,如二氯乙醛、苯酚钠等。

第四节　用水的规格、制备、储存及选用

在分析工作中,洗涤仪器、溶解样品、配制溶液均需用水。一般天然水和自来水(生活饮用水)中常含有氯化物、碳酸盐、硫酸盐、泥沙等少量无机物和有机物,影响分析结果的准确度。作为分析用水,必须先经过一定的方法净化达到国家规定。实验室用水规格,根据分析任务和要求的不同,采用不同纯度的水。

一、分析用水的级别和用途

国家标准规定的实验室用水分为三级,见表2-2。

表2-2　分析用水的级别

指标名称	一级	二级	三级
pH范围(25 ℃)	—	—	5.0~7.5
电导率(25 ℃)/(mS/m)≤	0.01	0.10	0.50
可氧化物质质量浓度(以氧计)/(mg/L)≤	—	0.08	0.50
蒸发残渣质量浓度[(105±2)℃]/(mg/L)≤	—	1.0	2.0
吸光度(254 nm,1 cm光程)≤	0.001	0.01	—
可溶性硅质量浓度(以SiO_2计)/(mg/L)≤	0.01	0.02	—

一级水:基本上不含有溶解或者胶态离子杂质及有机物。用于有严格要求的分析实验,包括对颗粒有要求的试验,如高效液相色谱分析用水。

二级水:可含有微量的无机、有机或胶态杂质。用于无机痕量分析等试验,如原子吸收光谱用水。

三级水:最普遍使用的纯水,适用于一般实验室试验工作,过去多采用蒸馏

方法制备,故通常为蒸馏水。

二、分析用水的制备

1. 蒸馏法

蒸馏法是指根据水与杂质沸点的不同,将自来水(或者其他天然水)用蒸馏器蒸馏而得。

特点:设备成本低,操作简单,但耗能高、产率低,不能去除易溶于水的气体。

2. 离子交换法

离子交换法是指利用离子交换树脂来分离出水中杂质。

特点:出水纯度高、操作技术易掌握、产量大、成本低,但设备较复杂。

3. 电渗析法

电渗析法是指在外电场的作用下,利用阴阳离子交换膜对溶液中的离子选择性透过而去除离子型杂质。

三、分析用水的贮存

分析用水的贮存会影响分析用水的质量,可选用专用聚乙烯容器和专用玻璃容器储存。

注意:新仪器在使用前需要用20%盐酸溶液浸泡2~3天,再用待测水反复冲洗,并注满待测水浸泡6 h以上。

各级分析用水在贮存期间,其污染主要来源是聚乙烯容器可溶成分的溶解及空气中 CO_2 和其他杂质。所以,一级水不可贮存,二级水、三级水可适量制备分别贮存于预先经同级水清洗过的相应容器中。各级水在运输过程中应避免污染。

第五节 化验室"三废"处理及环境保护

人们在科研、生产和生活过程中,将废物随意排入大气、水体或土壤中,便可对自然环境产生一定的污染。

由于科学研究的领域无限广阔，因此涉及的实验室污染物也非常多。20世纪以来，全世界有1 000万种合成的化合物问世。目前，每年有1 000~2 000种新的化学品产生。所有的化合物都有一定的毒性，有些具有潜在毒性的化学品，十亿分之几的浓度即可对人的健康造成危害。

作为分析人员，除了要了解化学物质的毒性，正确使用和贮存化学试剂外，还要了解对化验室"三废"进行简单无害化处理的方法。

一、废气的处理

(1) 少量有毒气体可以通过排风设备排出室外，被空气稀释。

(2) 毒气量大时，经过吸收处理后排出。

(3) 氧化氮、二氧化硫等酸性气体用碱液吸收，可燃性有机毒物于燃烧炉中借氧气完全燃烧。

二、废液的处理

废液包括废酸液、废碱液、含重金属离子的废液、含氰废液、含砷废液等。

(1) 较纯的有机溶剂废液可回收利用，如废乙醚、乙酸乙酯溶液。

(2) 含酚、氰、汞、铬、砷的废液要经过处理达到"三废"排放标准才能排放。

(3) 低浓度含酚废液加次氯酸钠或者漂白粉使酚氧化为二氧化碳和水；高浓度含酚废液用乙酸丁酯萃取，重蒸回收酚。

(4) 含氰化物的废液用氢氧化钠调至 pH 为 10 以上，再加入 3% 的高锰酸钾使 CN^- 氧化分解，CN^- 含量高的废液由碱性氧化法处理，即在 pH 为 10 以上加入次氯酸钠使 CN^- 氧化分解。

(5) 含汞盐的废液先将 pH 调至 8~10，加入过量硫化钠，使其生成硫化汞沉淀，再加入共沉淀剂硫酸亚铁，生成的硫化铁将水中悬浮物硫化汞微粒吸附而共沉淀。排出清液，残渣用焙烧法回收汞，或再制成汞盐。

(6) 铬酸洗液失效，浓缩冷却后加高锰酸钾粉末氧化，用砂芯漏斗滤去二氧化锰后即可重新使用。废洗液用废铁屑还原残留的 Cr^{6+} 到 Cr^{3+}，再用废碱或石灰中和成低毒性 $Cr(OH)_3$ 沉淀。

(7) 含砷废液加入氧化钙，调节 pH 为 8，生成砷酸钙和亚砷酸钙沉淀；或调节 pH 为 10 以上,加入硫化钠与砷反应,生成难溶、低毒的硫化钠沉淀。

(8)含铅镉废液,用消石灰将 pH 调至 8~10,使 Pb^{2+}、Cd^{2+} 生成 $Pb(OH)_2$ 和 $Cd(OH)_2$ 沉淀,加入硫酸亚铁作为共沉淀剂。

(9)混合废液用铁粉法处理,调节 pH 为 3~4,加入铁粉,搅拌 0.5 h,加碱调节 pH 至 9 左右,继续搅拌 10 min,加入高分子混凝剂,混凝后沉淀,清液排放,沉淀物以废液处理。

三、废渣的处理

(1)能放出有毒气体或能自燃的危险废料,不能丢进废品箱内和排进废水管道中。

(2)不溶于水的废弃化学药品禁止丢进废水管道中,必须将其在适当的地方烧掉或用化学方法处理成无害物。

(3)碎玻璃和其他有棱角的锐利废料,不能丢进废纸篓内,要收集于特殊废品箱内处理。

第六节 化验室意外事故的一般处理

在化验室中,安全是非常重要的,化验过程常常潜藏着诸如发生爆炸、着火、中毒、灼伤、割伤、触电等事故的危险性,如何来防止这些事故的发生以及万一发生又如何来急救,这些都是每一个化验工作者必须具备的素质。

一、化验室意外事故的一般处理

1. 意外割伤

先要明确割伤器具,若是普通玻璃仪器割伤,使用碘酒或酒精进行消毒包扎就可以;若伤口过深,则应及时送医院进行缝合。若是被生锈器具割伤,则在处理完伤口后及时送医进行处理。

2. 防火

(1)发现火情,事故现场人员立即采取措施,防止火势蔓延并迅速报告。

(2)确定火灾发生的位置,判断出火灾发生的原因,如压缩气体、液化气体、易燃液体、易燃物品、自燃物品等。

(3)明确火灾周围环境,判断出是否有重大危险源分布及是否会引发次生灾难。

(4)采用适当的消防器材进行扑救。

①木材、布料、纸张、橡胶以及塑料等固体可燃材料的火灾,应采用水冷却法或干粉、二氧化碳灭火剂灭火,但对珍贵图书、档案、精密仪器火灾应使用二氧化碳灭火剂灭火。

②易燃可燃液体、易燃气体和油脂类等化学药品火灾,应使用大剂量泡沫灭火剂、干粉灭火剂灭火。

③带电电气设备火灾,应切断电源后再灭火,因现场情况及其他原因,不能断电,需要带电灭火时,应使用干砂或干粉灭火器灭火。

④可燃金属,如镁、钠、钾及其合金等火灾,应用沙子或干粉灭火器灭火,切不可用水灭火,否则会引发爆炸事故。

(5)视火情拨打应急电话报警求救。报警时,讲明发生火灾的地点,燃烧物质的种类和数量,火势情况,报警人姓名、电话等详细情况,并到明显位置引导消防车。

(6)依据可能发生的危险化学品事故类别、危害程度级别,划定危险区域,对事故现场周边区域进行隔离和疏导。

3. 防爆

(1)易燃液体:易挥发,遇明火易燃烧,如汽油、苯、甲苯、二甲苯、乙醇、乙醚、乙酸乙酯、丙酮、乙醛等。保管与使用时的注意事项:要密封(如盖紧瓶塞),防止倾倒和外溢,存放在阴凉通风的专用橱中,要远离火种。

(2)易燃气体:乙炔、氢气、氧气等危险气体的压缩气体应该经常检查试漏,并且当泄漏时应该立即开窗通风再妥善处理。

(3)易燃固体:碱金属、磷等。

(4)压力容器:实验室的压力容器灭菌锅属于特种设备的管理,人员需要培训上岗,它的安全阀、压力表应该定期校验。

(5)(加热)玻璃器皿:要分清哪些玻璃器皿可以加热,哪些不能,检查是否有压力出口(加热的玻璃装置都不是密闭的,因为其不耐压,必须是直接或间接敞开的)。

4. 防毒

(1)安全进入毒品污染区。高浓度硫化氢、一氧化碳等毒物污染区和严重缺氧环境应及时通风,参与救护人员应佩戴供氧防毒口罩。毒品也应采取有效的防护措施进行内部救护。

(2)快速救命。中毒者离开染毒区后,应立即在现场对其进行急救。对心搏停止者,立即拳击心脏部位胸壁或胸外心脏按压,直接在心脏内注射肾上腺素或异丙肾上腺素,抬高下肢使头部低位后抑。对停止呼吸的人最好立即进行人工呼吸,用嘴对口呼吸法。剧毒不适合用嘴对口法时,可以使用史氏人工呼吸法,直到其恢复自主心跳和呼吸。急救操作不能动作粗暴,造成新的伤害。当眼睛溅入毒品时,应立即用清水冲洗,或将面部浸入盆中,张开眼睛,持续摇动头部稀释清洗毒品。

(3)彻底清除毒物污染,防止继续吸收。脱离污染区后,立即脱下污染的衣服,清洗污染的皮肤、毛发和指甲缝。对于皮肤吸收的毒物和化学灼伤,现场应用大量清水或其他备用的解毒、中和液清洗。毒品通过口腔侵入体内,应及时彻底清洗胃和催吐,清除胃内毒品。

(4)医院治疗。经过初步急救,迅速送往医院继续治疗。

5. 防烧伤、烫伤

(1)烧伤发生时,立即用冷水冲洗,或浸入附近水池浸泡,防止烧伤面积进一步扩大。

(2)衣服着火时应立即脱去,用水浇灭或就地躺下滚压灭火;不可惊慌奔跑,以免风助火旺;也不要站立呼叫,以免造成呼吸道烧伤。

(3)烧伤经过初步处理后,及时将伤员送往医院进一步治疗。

二、触电急救

触电是电击伤的俗称,通常是指人体直接触及电源或高压电经过空气或其他导电介质传递电流通过人体时引起的组织损伤和功能障碍,重者发生心搏和呼吸骤停。超过1 000 V的高压电还可引起灼伤。闪电损伤(雷击)属于高压电损伤范畴。

可自救:人体接触220 V或380 V的电,都有自救的可能。

不可自救:1 000 V及以上的电压等级的电,对人体会有严重的伤害,没有自救的可能。

- 触电急救的措施如下。

(1)脱离电源:先要使伤者脱离电源。拉开电源开关或切断电源,使触电者与导电体解脱。

注意:确定伤者及周围无带电体,以20 m为宜。一般来说,在心跳停止4 min内能实施心肺复苏并在8 min内获得进一步医治者,救愈率可达45%或更高;超过6 min者,大脑多已发生不可逆转的损害,复苏存活的可能性微小。

(2)神志判断:口诀为"拍案(按)叫好",即拍肩、按压人中、呼叫和摆好体位。

①拍肩:拍肩不能用力过小或过大。拍肩用力过小,未达到拍肩的目的;拍肩用力过大,可能使触电者受伤的其他部位的伤情加重。

②按压人中:按压人中用力不能过小或过大。按压人中用力过小,未达到按压人中的目的;按压人中用力过大,可能引起触电者过激反应。

③呼叫:呼叫声音要大。

④摆好体位:不能用力过大,用力过大可能会加重触电者其他部位的伤情。

(3)呼吸判断:口诀为"抬出(除)看戏(吸)",即仰头抬颏,清除异物,看、听、试是否有呼吸。

①采用仰头抬颏法通畅气道。用一只手置于伤员前额,另一只手的食指与中指置于下颌骨近下颏处,抬起下颏,头部后仰,使下颌骨同耳垂连线与地面成90°。

②清除异物。要用手的食指来清除口腔异物,因食指与其他指比较,其力度、灵活性等方面都强,也可与拇指配合进行异物清除。

③看、听、试是否有呼吸。看、听动作一起做,看是看胸腹部有无呼吸动作的起伏,听是听鼻孔有无呼吸的气流声。每项动作操作时间为3~5 s,注意保持气

道通畅。

（4）心跳的判定：摸颈动脉判定伤员颈动脉有无搏动，无搏动可判定心搏停止。动作操作时间不能短于6 s，注意保持头部后抑。

（5）胸外心脏按压。

①患者头、胸处于同水平，躺在坚硬平面上。

②按压位置：胸骨中下三分之一交界处。

③下压3.5~4.5 cm，按压时手指不得压在胸壁上，以免引起肋骨骨折。上抬时，手不离胸，以免移位。垂直按压，以免压力分散。

④按压与放松时间相等，用力均匀，每分钟按压80~100次，直至恢复心跳呼吸。

⑤人工呼吸与胸外按压应同时交替进行。按压与呼吸比例：单人15 :2，双人5 :1。

⑥人工循环时间因病人年龄、身体状况而定，但对触电、溺水、煤气中毒病人，按压时间要稍长些。

（6）口对口人工呼吸。

①保持气道通畅。

②用按于前额一手的拇指与食指捏住伤员鼻翼下端。

③用自己的嘴唇包住伤员微张的嘴。

④一次吹气完毕后，放松捏鼻的手，观察伤员胸部有无起伏。

⑤仰头抬颏手法要正确，仰头抬颏用力不能过大，用力过大有可能引起触电者伤情加重。

第七节　定量分析中的误差

用同一测量工具与方法在同一条件下多次测量，如果测量值偶然误差小，即每次测量结果涨落小，则说明测量重复性好，称为测量精密度好。因此，测量偶然误差的大小反映了测量的精密度。

精确度是测量的准确度与精密度的总称,在实际测量中,影响精确度的可能主要是系统误差,也可能主要是偶然误差,当然也可能两者对测量精确度影响都不可忽略。在某些测量仪器中,常用精度这一概念,实际上包括了系统误差与偶然误差两个方面,如常用的电工仪表(电流表、电压表等)就以精度划分仪表等级。

一、准确度和精密度的认知

1. 准确度与误差

(1)准确度:指测量结果与真实值接近的程度。

(2)误差:指测定值与真实值之间的差值。误差有两种表达方式,即绝对误差 E 和相对误差 E_r。

注意:误差越小,表示测定结果与真值越接近,准确度越高;反之,测定结果的准确度越低。

①绝对误差 E:测定值 x_i 与真实值 x_T 之差。

$$E = x_i - x_T$$

②相对误差 E_r:绝对误差在真值中所占百分比。

$$E_r = \frac{x_i - x_T}{x_T} \times 100\%$$

注意:绝对误差和相对误差都有正负之分。正值表示分析结果偏高,负值表示分析结果偏低。

可见,一般情况下,用相对误差来表示或比较各种情况下测定结果的准确度更确切。

(3)真值:指某一物理量本身具有的客观存在的真实数值。一般来说,真值是未知的,在分析化学中,常将以下的值当作真值来处理。

①理论真值:如化合物的理论组成等。

②计量学约定真值:如国际计量大会确定的长度、质量、物质的量单位等。

③相对真值:认定准确度高一级的测定值作为低一级的测量值的真值。

2. 精密度与偏差

(1)精密度:指一组平行测定数据相互接近的程度,平行测定的结果相互越接近,则测定的精密度越高。精密度通常用与平均值相关的各种偏差来表示。

(2)偏差(d):偏差是测量值(x_i)与平均值的差值。与误差类似,偏差也有绝对偏差和相对偏差。

①绝对偏差d:单次测定值与平均值之差。

②相对偏差d_r:绝对偏差在平均值中所占的百分比。

$$d_r = \frac{x_i - \bar{x}}{\bar{x}} \times 100\%$$

③平均偏差$\bar{d}$:平均偏差是各次测定偏差的绝对值的平均值。

$$\bar{d} = \frac{\sum_{i=1}^{n}|x_i - \bar{x}|}{n} = \frac{\sum_{i=1}^{n}|d_i|}{n}$$

④相对平均偏差$\bar{d}_r$:平均偏差在平均值中所占的百分比。

$$\bar{d}_r = \frac{\bar{d}}{\bar{x}} \times 100\%$$

准确度与精密度的关系如下。

(1)精密度是保证准确度的先决条件。

(2)精密度高,准确度不一定高(可能存在系统误差)。

(3)消除系统误差后,精密度高,准确度也高。

二、误差产生的认知

物体的真实长度叫真实值,测量值和真实值之间的差异就叫误差。误差和错误不同,误差不是错误,错误可以避免,而误差不可避免。误差是由于测量工具本身的精密程度、测量环境等客观因素的影响,加上测量者自身主观因素的影响造成的。可以通过选用精密仪器,改进测量方法来减小误差,多次测量求平均值是实验中减小误差的常用方法。

误差是在进行测量实验时常出现的难点,学生往往对误差的理解不透,认为误差就是一种错误。有时候也认为实验中得出的错误结果是误差造成的,如尺子斜放时,测出的数值比真实值大,这种差异就是错误。

三、误差的分类

(1)系统误差:由某些固定原因造成的,具单向性、重现性,为可测误差,理论上可消除。

①方法误差:分析方法选择不当造成的误差,如溶解损失、指示剂终点误差。

②仪器误差:仪器、量器本身不够准确或未经校准引起,如移液管刻度不准、天平砝码磨损。

③试剂误差:试剂不纯或实验用水含有微量待测组分引起。

④操作误差:操作人员本身操作方法不当引起,如颜色观察、滴定管读数。

(2)随机误差:又称偶然误差,测定值受各种因素随机变动引起的。非单向性,由不确定原因产生,如温度、电压、气压。

注意:①测量次数足够多时,随机误差服从统计规律;②大小相近的正误差和负误差出现的机会相等,即绝对值相近而符号相反的误差以同等的机会出现;③小误差出现的概率高,而大误差出现的概率小。

规律:①分布服从统计学规律(正态分布);②可采用"适当增加平行测定次数,取平均值表示分析结果"的方法来减免随机误差。

(3)过失误差:由粗心大意引起,可以避免,通常不算入误差范畴,如溶液溅失、沉淀穿滤、加错试剂、读错刻度、记录和计算错误等。

(4)非随机误差。

四、减少误差的途径与方法

在任何一项测量中,由于各种因素的影响,所得到的测量值总会存在误差。为了使测量结果更精确地逼近真实值,需要对测量结果进行补偿。减少误差有以下方法。

1. 选择合适的分析方法

化学分析:滴定分析、重量分析灵敏度不高,准确度高,常量、高含量组分较合适。

仪器分析:灵敏度高,准确度不高,微量组分分析较合适。

仪器分析法——测低含量组分,误差大。

化学分析法——测高含量组分,误差小。

2. 减小测量误差

(1)称量误差。

万分之一的分析天平每次称量误差为±0.0001 g,一份试样需两次称量,可能产生的最大误差为±0.0002 g,若要求相对误差≤±0.1%,则

$$相对误差 = \frac{绝对误差}{试样质量} \times 100\%$$

$$试样质量 = \frac{绝对误差}{相对误差} \times 100\% = \frac{0.0002 \text{ g}}{0.1\%} \times 100\% = 0.2 \text{ g}$$

即每一份试样的称量至少为0.2 g。

(2)量器误差。

滴定管读数误差为±0.01 mL,滴定一份试样读数误差为±0.02 mL,若要求相对误差≤±0.1%,则每一份试样体积量至少为±20 mL。

3. 消除测量过程中的系统误差

(1)系统误差的检验——对照实验:①用标准样品对照;②用标准方法对照;③做加标回收试验。

(2)空白试验。

在不加试样的情况下,按照与试样分析同样的步骤和条件进行的测定,试验得到的结果称为空白值。从试样分析结果中扣除空白值即可消除试剂、蒸馏水和实验器皿带进杂质所引起的误差。

空白值一般不应很大,否则应采取提纯试剂或改用适当器皿等措施来减小误差。

(3)校正仪器。

天平、容量仪器,在准确度要求高的分析中需要校正。

(4)方法校正。

例如,重量法测Si,沉淀完硅酸后用比色法测定滤液中残留的硅。

回收实验:加样回收,以检验是否存在方法误差。

4. 增加平行测定次数

一般平行测定3~4次。

目的:减小偶然误差。

第八节　测量数据的记录与有效数字

实验过程中常遇到两类数据：

(1)非测定值，即不是测量所得到的数据，如常数 K、倍数 n 等。

(2)测量值或与测量值有关的计算值，如溶液体积 v、物质的质量 m、溶液浓度 c 等。

一、测量数据的记录

定量分析中的测量数据，既包含了量的大小、误差，又反映出所用仪器的测量精度，因而是具有物理意义的数值，它与纯数学上的数值有很大区别。

二、有效数字

1. 有效数字的定义

有效数字指分析工作中实际能够测量得到的数字。在保留的有效数字中，只有最后一位数字是可疑的(有±1 个单位的误差)，其余的数字都是准确的。

$$有效数字=全部确定的数字+1 位可疑数字$$

例如：分析天平读数 0.328 0 g，滴定管读数 23.22 mL。

注意：有效数字的位数反映了测量的相对误差，不能随意舍弃最后一位数字，也不可多估读可疑数字。

2. "0"的意义

在 0~9 中，只有"0"既是有效数字，又是无效数字。

(1)数字中间的"0"为有效数字。

(2)数字前的"0"起定位作用。

(3)有小数点的数字后的"0"为有效数字。

(4)整数后的"0"不确定。

3. 单位变换

单位变换不影响有效数字位数。

例如,10.00 mL→0.010 0 L,均为4位;0.500 0 g→500.0 mg,均为4位。

4. pH、pM、pK等对数值,其有效数字的位数取决于小数部分(尾数)数字的位数,整数部分只代表该数的方次

例如,pH = 11.20→[H^+] = 6.3×10^{-12}[mol/L],2位。

分析化学常用数值的有效数字位数:

质量(分析天平)	0.437 0 g	4位
体积(滴定管)	22.35 mL	4位
体积(量筒)	10 mL	2位
标准溶液浓度	0.100 0 mol/L	4位
被测组分含量	22.21%	4位
偏差	0.23 或 0.3	1位或2位
解离常数	1.8×10^{-5}	2位
pH	4.30	2位

5. 有效数字的修约规则

在定量分析的计算中,基于测量数据的计算结果要按照有效数字的计算规则保留适当位数的数字,因此必须舍弃多余的数字,这一过程称为"数字的修约"。

修约规则:四舍六入五留双,五后非零需进一。

(1)在拟舍弃的数字中,右边第一个数字≤4时舍弃,右边第一个数字≥6时进1。

例如,0.126 64→0.126 6,0.322 56→0.322 6。

(2)拟舍弃的数字为5,且5后无数字时,拟保留的末位数字若为奇数,则舍5后进1;若为偶数(包括0),则舍5后不进位。

例如,21.345→21.34,12.355→12.36。

(3)若5后有数字,则拟保留的数字无论奇、偶数均进位。

例如,78.465 1→78.47,34.875 4→34.88。

(4)在数字修约时,只能对原始数据一次修约到所需的位数,而不能对该数据进行连续修约。

例如,将17.46修约到两位有效数字。正确:17.46→17;错误:17.46→17.5→18。

6. 有效数字的运算

在记录实验数据和有关的化学分析计算中,要特别注意有效数字的运用,否则会使计算结果不准确。因此,掌握有效数字的运算规则非常有必要。

(1)加/减法的运算。

计算规则:几个数相加或相减时,其和或差的小数点后位数应与参加运算的数字中小数点后位数最少的那个数字相同,即运算结果的有效数字的位数决定于这些数字中绝对误差最大者。

例如,

$50.1+1.36+0.518\ 2$

$=50.1+1.4+0.5$

$=52.0$

(2)乘/除法运算

计算规则:几个数相乘或相除时,其积或商的有效数字位数应与参与运算的数字中有效数字位数最少的那个数字相同,即运算结果的有效数字的位数决定于这些数字中相对误差最大者。

例如,

$0.032\ 5\times5.103\times60.06\div139.8$

$=0.032\ 5\times5.10\times60.1\div140$

$=0.071\ 2$

不论是加减还是乘除运算,都要遵循一个共同的原则,即计算结果的精度取决于测量精度最差的那个原始数据的精度。

第九节 分析结果的表达

分析测定结果常用的表达方式为 $\bar{x}\pm S$,但同时要给出 n。此外,还应正确表示分析结果的有效数字,其位数要与测定方法和仪器准确度相一致。

在表示分析结果时,组分含量≥10%时,用四位有效数字;含量为1%~10%时,用三位有效数字。表示误差大小时,有效数字常取一位,最多取二位。

一、分析数据的处理——可疑数据的取舍及过失误差的判断

多次测定可能出现离群值(异常值、可疑值),如果确知可疑值是由实验差错引起的,可以舍去;否则,应进行统计检验决定取舍。

确定某个数据是否可用的方法有 Q 检验法、$4d$ 法和格鲁布斯检验法(G 检验法)。

1. Q 检验法

Q 检验法的步骤如下。

(1) 数据排列:$X_1 X_2 \cdots X_n$。

(2) 求极差:$X_n - X_1$。

(3) 求可疑数据与相邻数据之差:$X_n - X_{n-1}$ 或 $X_2 - X_1$。

(4) 计算:

$$Q = \frac{X_n - X_{n-1}}{X_n - X_1} \text{ 或 } Q = \frac{X_2 - X_1}{X_n - X_1}。$$

(5) 根据测定次数和要求的置信度(如 90%)查表,见表 2-3。

表 2-3 不同置信度下,舍弃可疑数据的 Q 值

测定次数	$Q(90\%)$	$Q(95\%)$	$Q(99\%)$
3	0.94	0.98	0.99
4	0.76	0.85	0.96
8	0.47	0.54	0.63

(6) 若计算 $Q > Q_表$,则舍去可疑值,否则应予保留。

2. $4d$ 法

偏差大于 $4d$ 的测定值可以舍弃。

$4d$ 法的步骤:求异常值(Q_u)以外数据的平均值和平均偏差。如果 $Q_u - x > 4d$,舍去。

3. 格鲁布斯检验法（G 检验法）

G 检验法的步骤如下：

(1) 计算出包括可疑值在内的平均值。

(2) 计算出包括可疑值在内的标准偏差。

(3) 计算出 G 值。

(4) 查 G 值表，如果 $G_{计} > G_{表}$，将可疑值舍去，否则保留。

二、分析方法的准确性——系统误差及偶然误差的判断

显著性检验：利用统计学的方法，检验被处理的问题是否存在统计上的显著性差异。

确定某种方法是否可用，判断实验室测定结果准确性的方法有 F 检验法和 t 检验法。

1. F 检验法

F 检验法用于检验两组数据的精密度是否存在显著性差异。

统计量 F 为两组数据标准方差的比值，规定大的方差为分子，小的方差为分母：

$$F_{计} = \frac{s_{大}^2}{s_{小}^2}$$

按照置信度和自由度查表，得到 $F_{表}$ 值，比较 $F_{计}$ 和 $F_{表}$，如果 $F_{计} > F_{表}$，则认为两组数据的精密度存在显著性差异，否则不存在显著性差异。

2. t 检验法

t 检验法用于检验两个不同来源的数据是不是存在显著性差异。

(1) 平均值与标准值比较。为了检验一种分析方法是否可靠，常用标准试样进行试验，将测定结果的平均值 $\bar{x}$ 与标准值 μ 比较，按下式求出 t 值：

$$t_{计} = \frac{|\bar{x} - \mu|}{s} \sqrt{n}$$

根据测定次数和所要求的置信度，从表查出相应的 $t_{表}$，若 $t_{计} > t_{表}$，则平均值与标准值之间有显著性差异，即被检验的方法存在系统误差，若 $t_{计} \leq t_{表}$，则二者之间无显著性差异，被检验方法可以采用。

(2)两组数据平均值比较。

需要比较两种方法、两个实验室或两个操作人员对相同试样的测定结果时,也可以用 t 检验法,但在比较之前应先确认二者的精密度是否存在显著性差异,即先进行 F 检验,确认无显著差异后,再进行 t 检验。此时,先按下式计算两组实验数据的合并标准偏差 $s_合$:

$$s_合 = \sqrt{\frac{(n_1-1)s_1^2+(n_2-1)s_2^2}{n_1+n_2-2}}$$

统计检验的正确顺序:可疑数据取舍→F 检验→t 检验。

三、分析结果的一般表示方法

(1)对每种试样平行测定 3~4 次。

(2)计算测定结果的平均值。

(3)计算出相对平均偏差。

(4)如果相对平均偏差小于 0.2%,则符合要求,否则此次实验不符合要求。

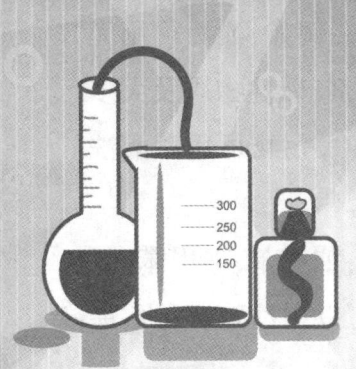

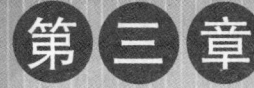

基本技能,规范有序

第一节 常用玻璃仪器的洗涤

在实验前后,都必须将所有玻璃仪器洗干净。玻璃仪器是否洗净,对实验结果的准确性和精密性有直接影响。因此,洗涤玻璃仪器是实验室工作中的一个重要环节。仪器洗涤,要求掌握洗涤的一般步骤、洗净标准、洗涤剂种类的选用。

一、洗净的标准和要求

洗涤后的玻璃仪器,当倒置时,要确保内壁附着的水既不能聚集成滴也不成股流下,同时也要擦干净仪器外壁。

二、常用洗涤剂及使用范围

实验室常用去污粉、洗衣粉、洗液、稀盐酸—乙醇、有机溶剂等洗涤玻璃仪器。对于水溶性污物,一般可以直接用自来水冲洗干净后,再用蒸馏水洗3次。对于沾有污物用水洗不掉的,要根据污物的性质,选用不同的洗涤剂。

(1)肥皂、皂液、去污粉等用于毛刷直接刷洗的仪器。洗涤剂直接刷洗如烧杯、锥形瓶、试剂瓶等形状简单的仪器,毛刷可以刷到的仪器,大部分是分析测定中用的非计量仪器。

（2）洗液（酸性或碱性）多用于不便用毛刷或不能用毛刷洗刷的仪器，如滴定管、移液管、容量瓶、比色管、比色皿等和计量有关的仪器。例如，油污可用无铬洗液、铬酸洗液、碱性高锰酸钾洗液及丙酮、乙醇等有机溶剂；碱性物质及大多数无机盐类可用(1+1)稀 HCl 洗涤；$KMnO_4$ 玷污留下的 MnO_2 污物可用草酸洗液洗净，而 $AgNO_3$ 留下的黑褐色 Ag_2O 可用碘化钾洗液洗净。

（3）针对污物的类型不同，可选用不同的有机溶剂洗涤，如甲苯、二甲苯、氯仿、乙酸乙酯、汽油等。如果要除去洗净仪器上带的水分，可以用乙醇、丙酮，最后再用乙醚。

三、常用玻璃仪器的洗涤步骤

1. 试管的洗涤

先倒干净试管中的废液，注入 1/3 容积的自来水，振荡后把水倒掉，再注水再倒掉，反复 3~5 次。如果内壁附着不易清洗的物质，应当用合适大小的毛刷进行刷洗，刷洗时须转动或上下移动毛刷，确保每个位置刷洗到位。但切勿在刷洗过程中用力过猛，防止试管损坏。

2. 比色皿的洗涤

绝不可用强碱清洗，因为强碱会侵蚀抛光的比色皿。拿取比色皿时，只能用手指接触两侧的毛玻璃，避免接触光学面，用力不可过大。盐酸—乙醇(1:2)混合液浸泡，使用时再用去离子水进行清洗。

3. 移液管的洗涤

用右手拿移液管上端合适位置，食指靠近管上口，中指和无名指张开握住移液管外侧，拇指在中指和无名指中间位置握在移液管内侧，小指自然放松。左手拿洗耳球，尖口向下，排出球内空气，将吸耳球尖口插入或紧接在移液管上口，注意不能漏气。慢慢松开左手手指，将蒸馏水慢慢吸入管内，直至吸入 1/3 容积液体，移开吸耳球，迅速用右手食指堵住移液管上口，将移液管放置水平，用双手慢慢转动移液管，使管内壁全部清洗，从上端排出液体，重复清洗 3~5 次，控干水备用。

4. 容量瓶的洗涤

先倒干净容量瓶中的废液，注入 1/3 容积的自来水，盖住瓶塞，上下颠倒振荡数次,排出废液,重复 3~5 次。如果内壁附着不易清洗的物质或较脏时,可用铬酸洗液洗涤,洗涤时将瓶内水尽量倒空。铬酸洗液需全部布满内壁,静置数分钟,再将铬酸洗液排回原瓶,最后先用自来水清洗,再用蒸馏水清洗。

5. 滴定管的洗涤

洗涤前,关闭旋塞,将滴定管上口对准龙头出水尖口,加入 10~15 mL 自来水,两手抓住滴定管的两端旋转滴定管,从上端排出部分液体,再打开旋塞,从下端排出剩余液体,重复 3~5 次。

四、洗涤剂的选择及操作要点描述

洗涤剂的选择及操作要点记录表,见表 3-1。

表 3-1　洗涤剂的选择及操作要点记录表

仪器名称	洗涤剂和洗涤工具	操作要点
(附着硫黄)试管		
比色皿		
移液管		
(较脏)容量瓶		
滴定管		

第二节　常用玻璃仪器的干燥

不同的实验项目对仪器是否干燥有不同的要求,一般定量分析中用的烧杯、锥形瓶等仪器洗净即可使用,而用于有机化学实验或有机分析的仪器很多是要求干燥的,有的要求没有水迹,有的则要求无水。应根据不同的要求和实际情况来干燥仪器。

一、常见玻璃仪器干燥的方法

1. 晾干

对于干燥程度要求不高且不急需使用的仪器,洗净后倒置,控去水分,然后自然干燥。可用带有透气孔的玻璃柜放置仪器。

2. 烘干

洗净的仪器控去水分,放在电热恒温干燥箱(简称烘箱)内加热烘干。

电热恒温干燥箱是实验室常用的仪器,常用来干燥玻璃仪器或烘干无腐蚀性、热稳定性比较好的药品。但挥发性易燃品或刚用酒精、丙酮淋洗过的仪器切勿放入烘箱内,以免发生爆炸。

烘箱带有自动控温装置。使用时,先接通电源,开启加热开关后,再将控温旋钮由"0"位顺时针旋至所需温度,这时红色指示灯亮,烘箱处于升温状态,当温度升至所需温度时,红色指示灯灭,绿色指示灯亮,表明烘箱已处于该温度下的恒温状态,此时电加热丝已停止工作。过一段时间,由于散热等原因,里面温度变低后,它又自动切换到加热状态。这样交替不断通电、断电,就可以保持恒定温度。烘箱的最高使用温度可达 200 ℃,常用温度为 100~120 ℃。

玻璃仪器干燥时,应先洗净并将水尽量倒干,放置时应注意平放或使仪器口朝上,带塞的瓶子应打开瓶塞,如果能将仪器放在托盘里则更好,一般在 105~120 ℃烘 1 h 左右即可。称量用的称量瓶等在烘干后要放在干燥器中冷却和保存。砂芯玻璃滤器、带实心玻璃塞的及厚壁的仪器烘干时,要注意慢慢升温,并且温度不可过高,以免烘裂。玻璃量器的烘干温度不得超过 150 ℃,以免引起容积变化。

3. 吹干

急需干燥又不便于烘干的玻璃仪器,可以使用电吹风机吹干。

用少量乙醇、丙酮(或最后用乙醚)倒入仪器中润洗,流尽溶剂,再用电吹风机,开始先用冷风,然后吹入热风至干燥,再用冷风吹去残余的溶剂蒸气。此法要求通风好,要防止中毒,并要避免接触明火。

4. 烤干

一些构造简单、厚度均匀的硬质玻璃器皿,若需急用,可用小火烤干。例如,烧杯和蒸发皿可置于石棉网上用小火烤干;试管可直接用小火烤干,操作时应将试管口略向下倾斜,以防水蒸气凝聚后倒流使试管炸裂,并不时来回移动试管,防止局部过热,待水珠消失后,再将管口朝上,以便水气逸去。

二、任务要求及记录表

(1) 浓硫酸的量取:量取浓硫酸的量筒还有水分,现亟须干燥。

(2) 实验室制取乙烯:制备乙烯的烧瓶还有水分,现亟须干燥。

(3) 做完实验后的试管:现需要入库封存。

(4) 用铬酸洗液进行洗涤:洗涤前滴定管含有水分,现亟须干燥。

(5) 用容量瓶配制无水物质混合物:使用前容量瓶含有水分,现亟须干燥。

(6) 进行无水滴定分析:所用锥形瓶,现亟须干燥。

玻璃仪器干燥方法及操作要点记录表,见表3-2。

表 3-2 玻璃仪器干燥方法及操作要点记录表

仪器名称	干燥方法	操作要点
量筒		
烧瓶		
试管		
滴定管		
容量瓶		
锥形瓶		

第三节　三大精密玻璃量器的操作

化学分析常用的,精度是 0.01 mL 的量具有滴定管、移液管和容量瓶,此三种量器被称为分析化学实验中的三大精密玻璃量器。只有正确使用和选择,才能避免分析过程中一些不必要的误差。例如,如何根据溶液的酸碱性选择对应类型的滴定管;对于见光易分解的滴定剂选择棕色滴定管还是无色管;滴定管如何读数,移液管移液有什么规定和要求等,这都是化学分析中必须掌握的基本技能。

一、三大精密玻璃量器的简介及操作要点

1. 容量瓶

容量瓶是用来准确配制一定体积溶液的量入式容器。它是一种细颈梨形的

平底玻璃瓶,通常由无色或棕色玻璃制成,带有磨口玻璃塞,颈上有一标线,在指定温度下,当溶液充满至液面的弯月面与标线相切时,容量瓶所容纳的溶液体积等于瓶上标示的体积。容量瓶常用的规格有 10 mL、25 mL、50 mL、100 mL、250 mL、500 mL 及 1 000 mL 等。使用容量瓶时应注意以下几点。

(1)检漏。

加水至标线,盖上瓶塞后,一只手用食指按住瓶塞,其余手指拿住瓶颈;另一只手用指尖托住瓶底边缘,来回颠倒 10 次,每次颠倒过程中要停留在倒置状态 10 s 以上,不应有水渗出,可用滤纸片检查。将瓶塞旋转 180°再检查一次,合格后用皮筋将瓶塞和瓶颈上端拴在一起,一方面防止瓶塞摔碎或与其他瓶塞弄混,另一方面还可避免瓶塞因放在实验台上而被弄脏。

(2)洗涤。

用铬酸洗液浸泡内壁,然后依次用自来水和纯水洗净,使内壁不挂水珠。

(3)定量转入溶液。

配制溶液时,应先将经准确称量或移取的基准试剂或被测试样在烧杯中溶解完全,溶解时玻璃棒不能碰烧杯壁,更不能用搅拌棒碾磨、压搅。

所配溶液需要定容时,应将溶液"定量转移"至容量瓶中,一只手将玻璃棒悬空插入容量瓶内 2~3 cm;另一只手拿烧杯,烧杯嘴紧靠玻璃棒,倾斜烧杯,使溶液沿玻璃棒慢慢流入,玻璃棒的下端要靠紧瓶颈内壁,注意玻璃棒不要与瓶口接触,以免溶液溢出。待溶液流完后,将烧杯嘴紧靠玻璃棒,把烧杯沿玻璃棒向上提起,并使烧杯直立,使附着在烧杯嘴上的少许溶液流入烧杯,再将玻璃棒放回烧杯中,然后用洗瓶吹洗玻璃棒和烧杯内壁,再将溶液按上述方法转移到容量瓶中。如此吹洗、转移的操作应重复数次,以保证定量转移完全。然后加纯水稀释,在稀释到接近瓶颈标线时,改用滴管加水,直到溶液的弯月面与标线相切为止,随即盖上瓶塞。一只手捏住瓶颈上端,食指压住瓶塞;另一只手三指托住瓶底,将容量瓶倒转并摇荡,以混匀溶液,再将容量瓶直立。如此重复 15 次左右,可使溶液充分混匀。

托瓶的手要尽量减少与瓶身的接触面积,以免体温对溶液温度的影响。如果用容量瓶来稀释溶液,则用移液管移取一定体积的溶液于容量瓶中,然后按前述方法稀释、混匀溶液。

(4)存放。

对容量瓶材质有腐蚀作用的溶液,尤其是碱性溶液,不可在容量瓶中久存,配好以后应转移到其他容器中密闭存放。

2. 移液管和吸量管

移液管和吸量管都是用来准确移取一定溶液的量器。移液管是一根细长且中间膨大的玻璃管,在管的上端有一环形标线,膨大部分标有它的体积和标定时的温度。常用的移液管有多种规格,如 2 mL、5 mL、10 mL、25 mL、50 mL 等。当吸入溶液至其弯月面的最低点与标线相切后,使移液管垂直,让溶液自然流出,此时放出溶液的体积等于移液管上所标体积,移液管尖端吸留的一小部分溶液不能强制放出(除非管上标有"吹")。

吸量管是具有分刻度的玻璃管,主要用于移取所需的不同体积的溶液,常用的吸量管有 1 mL、2 mL、5 mL、10 mL 等规格。

(1)洗涤。

移液管和吸量管的管口小,不能刷洗,应用铬酸洗液泡洗。其洗涤方法与滴定管相似,洗至内壁和外壁不挂水珠,并用蒸馏水润洗三次。

(2)移取溶液。

移取溶液之前,必须先用待移取的溶液润洗三次,方法是:吸取一定量溶液,立即用右手食指按住管口(尽量勿使溶液回流),将管横过来,用两手拿住并转动移液管,使溶液布满全管内壁,将管直立,使溶液由尖嘴放出,弃去;反复三次(注意用滤纸擦净外管壁)。

用移液管从容量瓶中移取溶液时,一只手拿移液管,另一只手拿洗耳球。拿移液管的手,拇指与中指拿住移液管上端距管口 2~3 cm 的部位,食指在管口的上方,将移液管插入容量瓶内液面以下 1~2 cm 深度(若插入太深,则外壁沾带溶液较多;若插入太浅,则液面下降时会吸空)。拿洗耳球的手,排出洗耳球中的空气后,紧靠在移液管上口,慢慢松开,借助吸力吸取溶液,当管中的液面上升至标线以上时,迅速用食指按住管口,用拇指及中指捻转管身,使液面缓慢下降,直到溶液弯月面与管颈标线相切(常称为调定零点),按紧食指,使溶液不再流出。

用滤纸擦去管尖外壁的溶液,将移液管流液口靠着容器的内壁,松开食指使溶液自由地沿器壁流下,待下降的液面静止后,再等待15 s,然后拿出移液管。

注意:在调定零点和排放溶液的过程中,移液管都要保持垂直。流液口内残留的一点溶液绝不可用外力使其被振出或吹出。

移液管用完后应放在管架上,不要随便放在实验台上,尤其要防止管颈下端被污染。吸量管的使用方法与移液管大致相同。使用吸量管时,通常是使液面从吸量管的最高刻度降低到另一刻度,两刻度之间的体积恰好为所需的体积。这里要注意的是,平等移取溶液时,应使用同一吸量管的同一部位,且尽可能使用上面部分。有时候要使吸量管中的溶液全部放出,这时候要注意吸量管上的标识,若上面标有"吹"字的,则要把流液口尖端的残留液吹出;否则,应该让它留住。

3. 滴定管

常用的滴定管分为酸式滴定管、碱式滴定管和酸碱两用滴定管。

酸式滴定管的下端为一玻璃活塞,开启活塞,液体自管内滴出。酸式滴定管常用来装酸性及氧化性的溶液,不得用于装碱性溶液,因为玻璃的磨口部分易被碱性溶液腐蚀,使旋塞无法转动。

碱式滴定管的一端连接橡皮管或乳胶管,管内装有玻璃珠,以控制溶液的流出,橡皮管或乳胶管的下端接一尖嘴玻璃管。碱式滴定管用来装碱性及非氧化性溶液。凡是能与橡皮管起反应的溶液,如高锰酸钾、碘、硝酸银等,都不宜装入碱式滴定管。

酸碱两用滴定管的结构与酸式滴定管类似,下端旋塞的材料主要为聚四氟乙烯,其耐酸碱,可以两用。

(1)滴定管使用前的准备。

酸式滴定管的活塞加橡皮圈;碱式滴定管加滴头(橡皮管、玻璃珠及尖嘴玻璃管,橡皮管中的玻璃珠应大小合适)。

试漏:装水至零刻度线,并放置2 min,看是否漏水。对酸式滴定管,看活塞两端是否有水,2 min 后,旋转活塞180°,再看活塞两端是否有水。如果发现漏水,则酸式滴定管应该涂凡士林,碱式滴定管应换玻璃珠或橡皮管。

洗涤:当滴定管没有明显污染时,可直接用自来水冲洗,或用没有损坏的软毛刷蘸洗涤剂水溶液刷洗(不可用去污粉)。若较脏,则用铬酸洗液进行清洗。

酸式滴定管的活塞涂油:当滴定管活塞转动不灵活或漏水时,活塞应该涂油(凡士林)。先取下活塞上的小橡皮圈,取下活塞,用软布或软纸将活塞擦拭干净,再用软布或软纸卷成小卷,插入活塞槽,来回擦拭,以使内壁擦拭干净。用手指蘸少量凡士林擦在活塞的两头,沿四周各涂一薄层;使活塞孔与滴定管平行插入活塞槽中,然后向同一方向转动活塞,直到全部透明为止,并套上小橡皮圈。套橡皮圈时,应该将滴定管放在台面上,一只手顶住活塞大头,另一只手套橡皮圈,以免活塞顶出。如仍转动不灵活或有纹路,则表明涂油不够;如有油从缝挤出,则表明涂油太多。遇到这两种情况,必须重新涂油。发现活塞孔或出水口被凡士林堵塞,必须清除。如果是活塞孔堵塞,则可以取下活塞,用细铜丝捅出;如果是出水口堵塞,则用水充满全管,并将出水口浸入热水中,片刻后打开活塞,使管内的水突然冲下,将熔化的油带出。如这样还不能解决,则可用有机溶剂(四氯化碳)浸溶。如还不能解决,则用导线的细铜丝将堵塞物带出,操作应十分小心,转动时应轻。

(2)滴定管的使用及滴定操作。

用操作溶液润洗:装入操作溶液之前,用所用操作溶液润洗三次,每次用液5~10 mL。润洗时,先将活塞关好,将试剂瓶中的溶液摇匀,直接从试剂瓶倒入溶液。倒入洗液后,一只手拿住滴定管上端无刻度部分,另一只手拿住活塞下端无刻度部分,边转动边向管口倾斜,使溶液布满全管,然后全部放出润洗液(尽量放净),随后再润洗第二次、第三次。

操作液的装入:摇匀操作液,一只手拿住滴定管上端无刻度部分,另一只手拿住试剂瓶,将试剂瓶口对准滴定管上口,倾斜试剂瓶将溶液倒入滴定管中(直接加入溶液,不可借助其他器皿),直到溶液达到零刻度线上 2~3 mL 为止;等待 30 s 后,打开活塞使溶液充满滴定管尖,并排出气泡,随后调至零刻度。

滴定管的读数:依据下列口诀读数,"食拇指,拿上端;臂杠杆,自垂直;眼平,读取数,高低上下都不行"。读数时注意有效数字,必须读准到小数点后两位;记录时必须保留有效数字的位数,小数点后无数字时,加零。例如,22.00 mL 不能记为 22 mL,21.50 mL 不能记为 21.5 mL。

滴定管的操作:滴定管在滴定台上的高度以方便操作为准。滴定管尖一般插入三角锥形瓶口内 1 cm 左右为宜。右手摇锥形瓶,左手把活塞;拇、食、中指包塞拿,不能推,应该轻轻向手心拉住;先快滴,后慢滴;半开塞,挂半滴。近终点时的半滴溶液,轻靠锥形瓶内壁,而后用洗瓶吹洗下去。平行测定时,应该重新充满溶液,使用滴定管相同的一段。

二、任务要求及记录表

(1)配制 250.0 mL 0.1 mol/L 的 Na_2CO_3 溶液,并计算。注:$c(Na_2CO_3) = m/(M \cdot V)$,$M = 106.0$ g/mol。

(2)向锥形瓶中移取 25.00 mL(1)中的 Na_2CO_3 溶液。

(3)向(2)中的锥形瓶中滴加 10 滴溴甲酚绿—甲基红指示剂,并用 0.1 mol/L 的盐酸进行滴定。

三大精密玻璃量器练习数据的记录表,见表 3-3。

表 3-3 三大精密玻璃量器练习数据记录表

内容	次数		
	1	2	3
Na_2CO_3 的质量(g)			
移取 Na_2CO_3 溶液的体积(mL)			
滴定管消耗盐酸的体积(mL)			

第四节 常用玻璃量器的校准

由于制造工艺的限制、试剂的侵蚀等原因,容量仪器的实际容积与它所标识的容积(标称容积)存在一定的差异,这样的差值必须符合一定的容量允差。若这种误差小于分析实验允许的误差,则不必进行校准,但在要求较高的分析工作中则必须进行校准,一些标准分析方法规定对所用量器必须进行校准,因此有必要掌握常用玻璃量器的校准方法。

一、玻璃量器的校准方法及原理

在实际工作中,容量仪器的校准通常采用绝对校准和相对校准两种方法。

1. 绝对校准法(称量法)原理

称量量入式或量出式玻璃量器中水的表观质量,并根据该水温下的密度,计算出该玻璃量器在20 ℃时的容量。

绝对校准法是指称取滴定分析仪器某一刻度内放出或容纳纯水的质量,根据该温度下纯水的密度,将水的质量换算成体积的方法。其换算公式为

$$V_t = m_t / \rho_{水}$$

式中,V_t——t ℃时水的体积,mL。

m_t——t ℃时在空气中称得水的质量,g。

$\rho_{水}$——t ℃时在空气中水的密度,g/mL。

国产的滴定分析仪器,其体积都是以20 ℃为标准温度进行标定的。所以在对玻璃量器进行校准时,应控制室温在20 ℃。用所换算出的真实容积减去标识容积即为校准值。

2. 相对校准法

相对校准法是相对比较两容器所盛液体体积的比例关系。许多定量分析实验要用容量瓶配制相关试剂的溶液,而后用移液管移取一定比例的试液供测试用。为保证移出的样品比例准确,就必须进行容量瓶—移液管的相对校正。因此,重要的不是要知道所用容量瓶和移液管的绝对体积,而是容量瓶与移液管的容积比是否正确,如用25 mL移液管从250 mL容量瓶中移出溶液体积是不是容量瓶体积的1/10,一般只需要做容量瓶和移液管的相对校准。

二、滴定管绝对校准的操作步骤

准备好已洗净(内壁不挂水珠)的待校准的滴定管,并向滴定管中注入与室温达平衡的蒸馏水至零刻度以上,等待30 s后调节液面至0.00刻度。取一个洗净、外部干燥的具塞锥形瓶,在分析天平上称准至0.01 g。然后按滴定时常用的速度(每分钟7~8 mL),从滴定管中以正确操作放出一定体积的蒸馏水于已称量过的具塞锥形瓶中,注意勿将水沾在瓶口上,盖上瓶塞,在分析天平上称量盛

水的锥形瓶的质量,两次质量之差即为滴定管中放出水的质量。测量水温后,从水密度表中查出该温度下的密度,即可计算该体积下滴定管的实际容积。重复检定一次,两次检定所得同一刻度的体积相差不应大于 0.01 mL(注意:至少检定 2 次),算出各个体积处的校准值(2 次平均),以滴定管读数为横坐标,以校准值为纵坐标,用直线连接各点,绘出校准曲线。

一般 50 mL 滴定管每隔 10 mL 测一个校准值,25 mL 滴定管每隔 5 mL 测一个校准值,3 mL 微量滴定管每隔 0.5 mL 测一个校准值。

三、滴定管校准数据记录

50 mL 无塞两用滴定管的校正数据记录表,见表 3-4。

表 3-4 50 mL 无塞两用滴定管的校正数据记录表

表示体积(mL)	10	20	30	40	50
精确体积记录(mL)					
水的质量(g)					
校正温度(℃)					
水的密度(g/cm³)					
实际体积(mL)					
实际差(mL)					
体积校正值(mL)					

四、滴定管校准曲线的绘制

滴定管的校正曲线图,如图3-1所示。

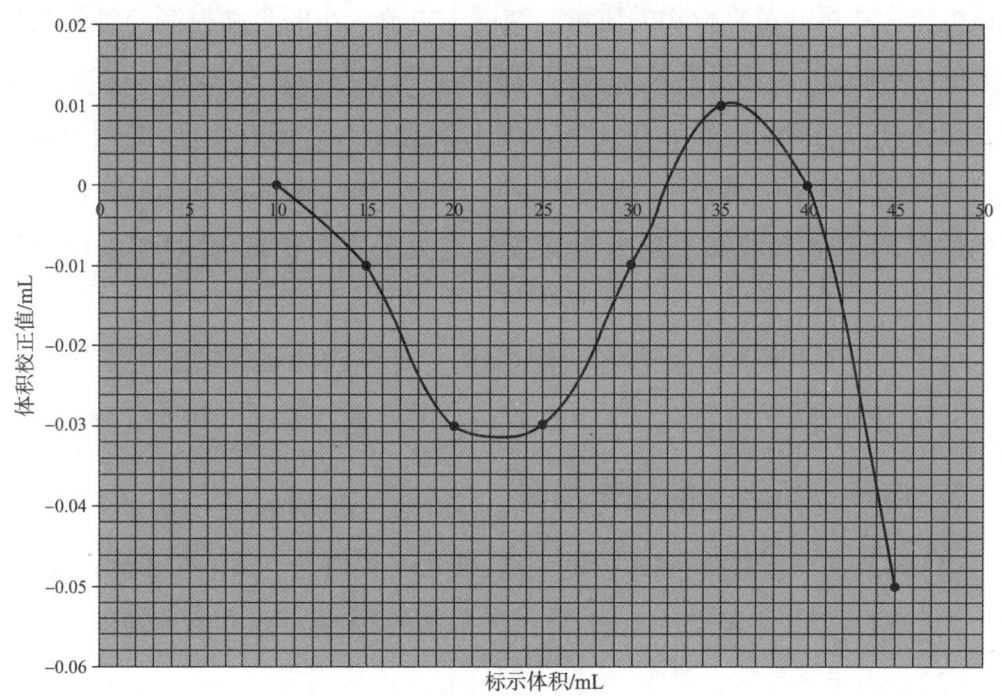

图3-1　滴定管校正曲线图

第五节　电子分析天平的操作

在定量分析实验中,最常使用的仪器就是分析天平。样品以及标准物质的称量通常是一个实验的开端。若称量过程中出现仪器、方法和操作等问题,那么后续的实验过程就没有了实质性意义,所以分析天平是定量分析中最重要、最基础、最精密的衡量仪器之一,也是在化学化工等实验中最常用的仪器。熟练掌握分析天平的称量是每个分析员应具备的一项最基本的实验技能。

一、电子分析天平的构造原理

电子分析天平是新一代的天平,电子分析天平是根据电磁力平衡原理,称量盘通过支架连杆与一个线圈相连,该线圈置于固定的永久磁铁——磁钢之中,当线圈通电使自身产生的电磁力与磁钢的磁力作用时,便产生向上的作用力。当该作用力与称量盘中称量物的重力达到平衡时,线圈通入的电流与重力成正比,利用该电流大小可计量称量物的质量。线圈上电流大小的自动控制与计量是通过天平的位移传感器、调节器及放大器实现的。当盘内物重变化时,与称量盘相连的支架连杆带动线圈同步下移,位移传感器将此信号检出并传递,经调节器和电流放大器调节线圈电流大小,使其产生向上的力推动称量盘及称量物恢复到原来的位置,重新达到线圈电磁力与称量物重力平衡的状态,此时的电流可计量物重。

电子分析天平种类很多,按键大同小异,主要有 ON/OFF(电源开关)、CAL(调校键)、F(功能键)、CF(清除键)、PRINT(打印键,数据输出)、TARE(除皮键)。

二、电子分析天平的操作步骤

(1)调节水平:调整地脚螺栓的高度,使水平仪内的空气泡位于圆环中央。

(2)清扫:用天平配套的毛刷,清扫天平室内,确保秤盘和室内清洁。

(3)查看天平使用记录簿,确保仪器完好才能使用。

(4)开机。天平首次接通电源或长时间断电后再开机,至少需要预热 30 min。接通电源,按开关键 ON/OFF 直至全屏自检。

(5)校准。首次使用或因存放时间较长、位置移动、环境变化时,必须用内装校准砝码进行校准,按 CAL 校正键,天平将显示所需校正砝码重量,放上砝码直至出现"g",校正结束。

(6)称量。使用除皮键 TARE,除皮清零,放置样品进行称量。

(7)关机。若较长时间不再使用天平,应关机,切断电源,拔掉电源线。若较短时间内还需使用天平,一般不用关闭显示器,可省去预热的时间。实验全部结束后,关闭显示器,切断电源。不用时盖上天平罩,防止灰尘。要保持天平洁净。填写天平使用记录簿。

三、电子分析天平使用的注意事项

(1)天平室的温度最好保持在 20±2 ℃。

(2)使用天平时先将天平罩轻轻取下折叠放好,记录本及所需器皿放好,面对天平端坐。

(3)检查天平各个部件是否处于常位置,是否清洁,若不清洁,可用软毛刷轻轻扫净。

(4)检查天平是否处于水平位置,若未处于水平,应调整后再使用。

(5)不可轻易移动电子分析天平,否则校准工作需重新进行。

(6)严禁超量程称量。

(7)对过于冷、热或含有挥发性及腐蚀性的物体,不可放入天平内称量。

(8)使用按键不可使用蛮力,称量物品需要轻拿轻放。

(9)切忌在开机情况下清扫。

(10)天平只作化验试样称重使用,严禁他用。

四、电子分析天平的称量方法

常用的称量方法有直接称量法、固定质量称量法和差减称量法。

1. 直接称量法

直接称量法,指将称量物直接放在电子天平盘上称量物体的质量。例如,称量小烧杯的质量、容量器皿校正中称量某容量瓶的质量、重量分析实验中称量某坩埚的质量等,都使用这种称量法。

2. 固定质量称量法

固定质量称量法又称增量法,用于称量某一固定质量的试剂(如基准物质)或试样。这种称量操作的速度很慢,适于称量不易吸潮、在空气中能稳定存在的粉末状或小颗粒(最小颗粒应小于 0.1 mg,以便容易调节其质量)样品。其操作程序如下:先称出容器(如表面皿、硫酸纸)的质量,再用牛角勺将试样慢慢加入盛放试样的容器中,当所加试样与指定质量相差不到 10 mg 时,极其小心地将盛有试样的牛角勺伸向容器上方 2~3 cm 处,勺的另一端顶在掌心上,用拇指、中指及掌心拿稳牛角勺,并用食指轻弹勺柄,将试样慢慢抖入容器中,直至达到所需称量的质量。此操作必须十分仔细,若不慎多加了试样,则需用牛角匙取出多余的试样,再重复上述操作直到符合要求为止。

3. 减量法

减量法,指称取试样的量是由两次称量之差而求得的。在称量过程中,样品易吸水、易氧化或易与 CO_2 等反应时,可选择此法。减量法比较简便、快速、准确,在化学实验中常用来称取待测样品和基准物,是常用的一种称量法。减量法与直接称量法、固定质量称量法不同,称取样品的质量只要控制在一定要求范围内即可。其操作程序如下:从干燥器中取出称量瓶(注意戴手套或用纸带夹住称量瓶,不要让手指直接触及称量瓶和瓶盖),打开瓶盖,用牛角匙加入适量试样(一般为称一份试样量的整数倍),盖上瓶盖。称出称量瓶加试样后的准确质量。将称量瓶从天平上取出,在接收容器的上方倾斜瓶身,用称量瓶盖轻敲瓶口上部使试样慢慢落入容器中,瓶盖始终不要离开接收器上方。当倾出的试样接近所需量时,一边继续用瓶盖轻敲瓶口,一边逐渐将瓶身竖直,使黏附在瓶口上的试样落回称量瓶,然后盖好瓶盖,准确称其质量。两次质量之差即为试样的质量。按上述方法连续递减,可称量多份试样。有时一次很难得到合乎质量范围要求的试样,可重复上述称量操作 1~2 次。

五、电子分析天平称量的任务要求及记录表

(1)用直接称量法称量表面皿、铜片的质量。

(2)用加量法称取 0.5 g NaCl。

(3)用减量法称取 0.2 g Na_2CO_3 和 1 g H_2O_2 溶液。

电子分析天平称量练习的数据记录表,见表 3-5—表 3-8。

表 3-5 直接称量法数据记录表

序号	称量物品	质量/g	备用
1	表面皿 m_1		
2	铜片 m_2		
3	表面皿+铜片 m_3		

表 3-6 固体质量称量法数据记录表

序号	I	II	III	备用
m/g				

表 3-7 减量法数据记录表 1

内容	次数			备用
	Ⅰ	Ⅱ	Ⅲ	
称量瓶和 Na_2CO_3 的质量(倾样前)/g				
称量瓶和 Na_2CO_3 的质量(倾样后)/g				
Na_2CO_3 的质量/g				

表 3-8 减量法数据记录表 2

内容	次数			备用
	Ⅰ	Ⅱ	Ⅲ	
称量瓶和 H_2O_2 溶液的质量(倾样前)/g				
称量瓶和 H_2O_2 溶液的质量(倾样后)/g				
H_2O_2 溶液的质量/g				

第六节 电子分析天平的校准及故障排除

在定量分析实验中,电子分析天平是最频繁使用的精密仪器之一,称量数据的准确性关乎到了整个实验的成败。鉴于分析天平具有较高精密性和灵敏性,在操作过程中务必严格按照其操作规程进行称量,但在称量过程中经常会出现各种各样的非正常称量状况,阻碍了下一步的实验工作,对于常见简单故障的排除,需要分析人员能及时解决。同时为了确保仪器能长期有效工作,日常维护和保养也是每个分析人员需要具备的基本技能。

一、电子分析天平的常见故障及排除

1. 故障现象:天平表盘显示"L"

故障原因:①秤盘下存有异物;②未安装秤盘;③气流罩和秤盘碰在一起。

排除方法:①查看秤盘下是否有异物存在,轻轻拿走;②请把秤盘安装在秤盘座上；③慢慢转动秤盘或气流罩查看是否有碰触的情况，调整气流罩的位置。

2. 故障现象：天平表盘出现数据

故障原因：①未在规定温度下实验或室温不恒定；②预热时间不够；③称量物质具有较强挥发性；④天平未调节水平。

排除方法：①开启空调并设置温度在 20±2 ℃；②继续预热 30min 以上；③选择更合适的称量方法进行称量；④调节水平旋角，使水平泡处于水平仪中央。

3. 故障现象：加载天平显示"H"的故障

故障原因：①曾经用过小于校准砝码值的砝码或其他物体校准过天平，使天平上正常量程内的重量显示超重；②天平上加载了过重的物体，超出量程范围。

排除方法：①需要使用正确的标准砝码进行校准；②不要超载称量。

4. 故障现象：电子天平开机后无法通过自检，并出现故障代码

"EC1"：CPU 损坏。

"EC2"：键盘错误。

"EC3"：天平存储数据丢失。

"EC4"：采样模块没有启动。

故障原因：这是严重错误使电子天平无法正常工作，需要送修，由专业人员进行维修，用户不要擅自修理。

5. 故障现象：电子天平开机后显示"L"，加载显示"H"或开机显"H"，加载显示"L"

故障原因：电子天平的工作环境温度超出了允许的范围。

排除方法：电子天平正常工作的环境温度范围是 20±5 ℃，要求每小时环境温度变化不大于 1 ℃，请将电子天平移至适合的温度环境内工作。

6. 故障现象：电子天平显示"E1"

故障原因：计件或百分比称重时，样品值过小。

排除方法：先将秤盘上的物品拿掉，重新选择样品的件数，可以选样品的 2 倍、5 倍、10 倍等作为样品。记下当前样品的倍数，读数时读取显示值乘以倍数即可。

7. 故障现象：按下"i/o"键后，电子天平无任何显示

故障原因：①电子天平保险丝熔断；②未接通电源；③键盘出错，按键卡死。

排除方法:①更换保险丝,先把电源线拔掉,用小螺丝刀将电子天平电源插座处的熔丝盒撬开,更换新的保险丝;②连接电源;③把按键固定螺丝拧松,调整按键位置。

二、电子天平的维护与保养

(1)将天平置于稳定的工作台上,避免振动、气流及阳光照射。

(2)在使用前调整水平仪气泡至中间位置。

(3)电子天平应按说明书的要求进行预热。

(4)称量易挥发和具有腐蚀性的物品时,要盛放在密闭的容器中,以免腐蚀和损坏电子天平。

(5)经常对电子天平进行自校或定期外校,保证其处于最佳状态。

(6)电子天平出现故障应及时检修,不可带"病"工作。

(7)操作天平不可过载使用,以免损坏天平。

(8)长期不用电子天平,应将其收好。具体实施步骤如下:

①监测:定期对电子天平进行开机测试,对于有异常的仪器,做标记,分析故障原因,及时维修。

②清洗:在对仪器清洗之前,将仪器与工作电源断开。在清洗时,不要使用强力清洗剂(溶剂类等),仅应使用中性清洗剂(肥皂)浸湿的毛巾擦洗(不要让液体渗到仪器内部)。在用湿毛巾擦完后,再用一块干燥的软毛巾擦干。试件剩余物/粉末必须小心用刷子或手持吸尘器去除。

③安全检查:如果仪器不能保证无危险地工作,要切断仪器的供电电源,并采取安全措施,保证不再被使用。

三、电子天平的校准步骤

(1)清扫:用天平配套的毛刷,清扫天平室内,确保秤盘和室内清洁。

(2)调水平:调节水平底部四个水平旋角(顺时针旋转升高,逆时针旋转下降),确保水平泡在水平仪盘中央。

(3)开机:打开电源键,预热 30 min 以上才能进行下一步操作,且天平所处环境温度在 20±2 ℃。

(4)砝码校正：按去皮键或置零键，确保放砝码前处于归零状态，按校准键或 CAL 键，出现闪烁的校准砝码质量值时，戴上手套，将配套校准砝码轻轻放置于秤盘中央，当闪烁状态消失时，取下砝码，则校准完成。

四、电子分析天平的校准及故障排除练习任务要求

(1)校准实验室万分之一电子分析天平。

(2)对以下故障进行排除，并描述故障原因和解决方案，见表 3-9。

表 3-9　天平故障原因和解决方案记录表

故障序号	故障现象	故障原因	解决方案
1	天平表盘显示"L"		
2	电子表盘出现"E1"		
3	电子表盘数据不稳		
4	开不了机		

第七节　一般（普通）溶液的制备

在化学分析工作中，化学试剂溶液的使用是不可或缺的，在绝大部分实验过程中均用到了各种各样的溶液，可以说离开了溶液就无法谈化学实验。所以，对溶液性质的认知、对溶液配制方法的选择、溶液浓度配制的准确性等都关系到整个实验。一般溶液的配制是经常做的工作任务，能熟练配制和表示溶液是每一个分析人员所具备的基本能力。

一、溶液概述

1. 溶液的定义

溶液是指由一种或几种物质分散到另一种物质中,所组成的均一、稳定的混合物。

2. 溶解度与溶解性

在一定温度下,某固体物质在 100 g 溶剂中达到饱和状态时所溶解的质量,称为该物质在这种溶剂中的溶解度。

某一物质溶解在另一物质中的能力称为溶解性。溶解度是溶解性的定量表示,是衡量物质在某一溶剂中溶解性大小的尺度。

3. 溶液的浓度

溶液的浓度是指在一定量溶液或溶剂中所含溶质的量。

4. 溶液的稀释

溶液的稀释是指在溶液中再加入溶剂使溶液浓度变小,亦指通过添加溶剂于溶液中以减小溶液浓度的过程。

5. 一般溶液(普通溶液)

一般溶液(普通溶液)对浓度要求不很准确的溶液,如调节 pH 用的酸、碱溶液,用作掩蔽剂、指示剂的溶液,缓冲溶液等。

二、普通溶液的表示方法

1. 体积比(ψ_B)

体积比是指液体试剂与溶剂的体积之比。

$$\psi_B = V_B : V_A$$

例如,稀硫酸溶液 $\psi(H_2SO_4) = 1:4$,稀盐酸 $\psi(HCl) = 3:97$。其中,1 和 3 是指市售浓酸的体积,约定俗成地,4 和 97 是指水的体积。

这种表示方法十分简单,溶液的制备也十分方便,常用来表示稀酸溶液、稀氨水溶液的浓度。

2. 质量分数(ω_B)

质量分数是指溶质的质量与混合物的质量之比。

$$\omega_B = (m_B/m_A) \times 100\%$$

3. 体积分数（φ_B）

体积分数是指溶质体积与相同温度 T 和压力 p 时的混合物体积之比。

$$\varphi_B = (V_B/V_A) \times 100\%$$

例如，无水乙醇，含量不低于 99.5%，应表示为 $\varphi(C_2H_5OH) \geqslant 99.5\%$，即每 100 mL 此种乙醇溶液中，乙醇的体积大于或等于 99.5 mL。

4. 质量体积浓度（ρ_B）

质量体积浓度是指溶质的质量与混合物的体积之比。

$$\rho_B = m_B/V_A$$

三、普通溶液制备的方法

普通溶液制备的方法有水溶法、溶剂法和稀释法。

1. 水溶法

对于一些易溶于水而又不易水解的固体试剂，如 KCl、NaCl、KNO_3 和 $BaCl_2$ 等，用托盘天平称取一定量的固体试剂，置于烧杯中，加少量水搅拌使其溶解后，稀释至所需体积。若试剂溶解时有放热现象，或以加热促使其溶解的，应待其冷却后，再移至试剂瓶中，摇匀。

2. 溶剂法

对于一些易水解的固体物质，如 $FeCl_3$、$BiCl_3$ 和 $SnCl_2$ 等，先称取一定量的固体试剂，加入适量的酸或碱使其溶解，然后用水稀释至所需体积，混匀后转移至试剂瓶，摇匀。

3. 稀释法

对于液体试剂，如 HCl、H_2SO_4、HNO_3、H_3PO_4、HAc 和 $NH_3 \cdot H_2O$ 等，制备其稀溶液时，应先用量筒取一定量的市售酸或碱试剂，再用适量水稀释至所需体积。

四、一般溶液制备的任务要求及数据记录表

（1）制备 200 g 10% NaCl 溶液。

（2）制备 100 mL (1+10) 盐酸。

(3)制备 200 mL 0.2 mol/L NaOH 溶液。

一般溶液制备的过程及数据记录表,见表 3-10。

表 3-10　一般溶液制备的过程及数据记录表

(1)		(2)		(3)	
所选仪器		所选仪器		所选仪器	
称取 NaCl 的质量/g		量取浓盐酸的体积/mL		称取 NaOH 的质量/g	
加入水的质量/mL		量取水的体积/mL			

第八节　标准溶液的制备

在化学分析工作中,绝大部分的工作任务都是定量分析,在定量分析过程中为了确定为待测物的含量,经常用到已经确定了准确浓度的溶液,这种溶液称为标准溶液。标准溶液在滴定分析和仪器分析过程中属于基准溶液,待测物含量与标准溶液有一定比例关系,所以标准溶液对于测定结果准确度有根本性的影响。因此,对标准溶的认知、配制仪器的了解、配制方法和配制操作的掌握,是每一个分析工作人员必须掌握的一项重要能力。

一、基准物质

基准物质是能够直接配制标准溶液或标定溶液浓度的物质,基准物质必须具备以下条件。

(1)组成恒定并与化学式相符,包括结晶水,如 $H_2C_2O_4 \cdot 2H_2O$、$Na_2B_4O_7 \cdot 10H_2O$ 等。

(2)纯度达 99.9% 以上,杂质含量应低于分析方法允许的误差。

(3)性质稳定,不易吸收空气中的水分和 CO_2,不易被空气氧化,不易风化,不易潮解。

(4)有较大的摩尔质量,以减少称量时的相对误差。

(5)试剂参加滴定反应时,应严格按反应式定量进行,没有副反应。

常用的基准物质有 $KHC_8H_4O_4$(邻苯二甲酸氢钾)、$Na_2C_2O_4$、Na_2CO_3、$K_2Cr_2O_7$、$NaCl$、$CaCO_3$、金属锌等。因基准物质在贮存过程中会吸潮,要以适宜方法进行干燥处理后再使用,同时也要妥善保存。

二、标准溶液的表示方法

1. 物质的量浓度(c_B)

物质的量浓度,是指一种常用的溶液浓度的表示方法,为溶液中溶质的物质的量除以混合物的体积。

$$c_B = n_B/V_A = m_B/(M \cdot V_A)$$

例如,$c(NaOH) = 0.1023 \ mol/L$、$c(1/5 \ KMnO_4) = 0.1023 \ mol/L$、$c(1/2 \ H_2SO_4) = 0.1023 \ mol/L$。

2. 滴定度($T_{B/A}$)

滴定度是指每毫升标准溶液相当被测物质的质量,用符号 $T_{B/A}$ 表示,单位为 g/mL。其中,B 表示被测物质,A 表示标准溶液。$T_{B/A}$ 称为标准溶液 A 对被测组分 B 的滴定度。

例如,滴定消耗 $V(mL)$ 标准溶液,则被测物质的质量 $m_B = T_{B/A} \cdot V_A$。

使用滴定度进行计算时,只要知道所消耗的标准滴定溶液的体积,就可以很方便地求得被测物质的质量。在企业化验室中,分析作为控制正常生产的手段,在进行整批试样的常规分析时,为了快速方便地报出分析结果,常使用"滴定度"来表示标准滴定溶液的浓度。

三、标准溶液制备的方法

标准溶液制备的方法有直接配制法和标定法(又称间接配制法)。

1. 直接配制法

用分析天平或电子天平准确称取一定量的基准试剂,溶于适量的水中,再定量转移到容量瓶中,用水稀释至刻度。根据称取试剂的质量和容量瓶的体积,计算该溶液的准确浓度。这种方法简单,但符合基准试剂条件的物质有限,很多试剂都不是基准物质,因此无法直接制备。

2. 标定法

标定法是最普通的制备标准滴定溶液的方法。很多不符合基准试剂条件的物质的标准溶液都采用此法制备。

先采用分析纯试剂制备成接近所需浓度的溶液,再用适当的基准试剂或其他标准物质标定其准确浓度。

例如,0.1 mol/L HCl 溶液的标定。方案:准确称取基准试剂碳酸钠 0.2 g,置于 250 mL 锥形瓶中,加 50 mL 去离子水溶解,加 10 溴甲酚绿—甲基红指示液,用待标定的盐酸溶液滴定至溶液由绿色变为暗红色,煮沸 2 min,冷却后继续滴定至溶液再呈暗红色。同时做空白试验。平行测定三次。

四、标准溶液制备的任务要求及数据记录表

(1)制备 90 mL $K_2Cr_2O_7$ 标准溶液。

(2)制备 220 mL 0.1 mol/L 硫酸高铁铵标准溶液。

标准溶液制备的过程及数据记录表,见表 3-11。

表 3-11 标准溶液制备过程及数据记录表

(1)制备 90 mL $K_2Cr_2O_7$ 标准溶液		(2)制备 220 mL 0.1 mol/L 硫酸高铁铵标准溶液	
所选仪器及其规格		所选仪器及其规格	
称取 $K_2Cr_2O_7$ 的质量/g		称取硫酸高铁铵的质量/g	

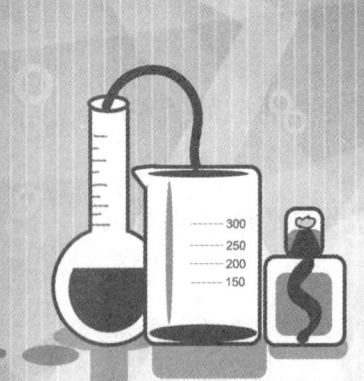

第四章
核心技能,精益求精

第一节　了解滴定分析专业术语

滴定分析法是化学分析法中的重要方法之一,在分析工作中,许多物质的测定都是通过滴定分析法来完成的。滴定分析法具有操作简便、测定快速、仪器简单、准确度较高、用途广泛等特点,适用于各种化学反应的测定。一般常量分析的相对误差在±0.1%以内,因此,滴定分析法在生产和科研中具有重要的实用价值。为了保证滴定分析的准确度,用于滴定分析的化学反应必须具备下列条件。

(1)反应必须定量完成,即待测物与标准溶液的反应必须按一定的化学反应式进行,通常要求反应完全程度达99.9%以上,并且无副反应发生。

(2)反应速率要快,滴定反应要在瞬间完成,如果反应速率较慢,将无法确定终点;对于速率较慢的反应,通常可以采用加热或加入催化剂等的方法加快反应。

(3)要有适当的方法确定终点,即可利用变色敏锐指示剂的变色或反应物与生产物颜色具有明显差异的方法来确定终点。凡能满足上述条件的反应均可用滴定分析法进行分析。

滴定分析法是将一种已知准确浓度的试剂溶液即标准溶液,通过滴定管滴加到待测组分的溶液中,或将待测物质的溶液用滴定管滴加到已知准确浓度的溶液中,直到标准溶液和待测组分恰好完全定量反应为止。这时加入标准溶液物质的量与待测组分的物质的量符合反应式的化学计量关系,然后根据标准溶液的浓度和所消耗的体积,算出待测组分的含量,这一类分析方法统称为滴定分析法。

(1)滴定:滴加标准溶液的操作过程称为滴定。

(2)滴定反应:滴定时发生的化学反应称为滴定反应。

(3)标准溶液:已知准确浓度的试剂溶液,也可称为滴定剂。

(4)化学计量点:标准溶液和待测组分恰好完全反应的那一点。

(5)指示剂:由于滴定到化学计量点时,许多滴定反应往往没有用肉眼能观察到的明显外部特征,因此常在被滴定溶液中加入一种辅助试剂,借助其颜色的突变来判断化学计量点的到达,这种辅助试剂叫指示剂。

(6)滴定终点:在滴定过程中,当指示剂发生颜色突变时,即停止滴定,停止滴定反应的这一点称为滴定终点,简称终点。

(7)终点误差:化学计量点是根据化学反应计量关系求得的理论值,而滴定终点是由实际滴定所确定的。因此,滴定终点与化学计量点不可能完全吻合,它们之间总存在着很小的差别,由此引起的误差称为终点误差或滴定误差。滴定误差的大小,取决于滴定反应和指示剂的性能及用量。

滴定分析法主要包括酸碱滴定法、配位滴定法、氧化还原滴定法及沉淀滴定法等。

第二节　认识酸碱质子理论

化学家对酸、碱的认识正如人们对物质的认识一样,是从直接的感觉开始。英文中的酸"acid"从拉丁文"acere"而来,原意就是有酸味的。草木灰有滑腻感,就被认为是碱。英文中的碱"alkal"来自阿拉伯文"algaliy",就是指草木灰。18世纪后半叶,法国化学家拉瓦锡把氧称为"产生酸的",认为一切酸中皆含有氧。1811年,英国化学家戴维从实验中明确盐酸组成中不含氧,于是认为氢是组成酸的基本元素。1887年,瑞典化学家阿仑尼乌斯提出电离理论,从电离理论出发,提出酸是在水溶液中电离产生氢离子(H^+)的物质,碱是在水溶液中电离产生氢氧根离子(OH^-)的物质。这种理论简单而易理解,但只是把酸和碱限制在水溶液中。1905年,美国化学家富兰克林把酸碱的定义推广到其他溶剂,提出酸碱的溶剂理论,认为能离解产生溶剂正离子的物质是酸,能离解产生溶剂负离子的物质是碱。这种理论由于不完善,没有得到推广应用。1923年,丹麦化学家布朗斯特(J. N. Bronsted)和英国化学家劳瑞(T. M. Lowry)在酸碱电离理论的基础上,提出了酸碱质子理论,又称为Bronsted-Lowry酸碱理论。

酸碱质子理论:凡是能给出质子(H^+)的物质就是酸,凡是能接受质子的物质就是碱。这种理论不仅适用于以水为溶剂的体系,而且也适用于非水溶剂体系。

酸碱质子理论中的酸和碱不是孤立的,而是相互依存的。酸(HA)给出质子后生成了碱(A^-),碱(A^-)接受质子后生成了酸(HA),酸和碱的这种相互依存的关系叫作共轭关系。这种因一个质子的得失而互相转变的每一对酸碱称为共轭酸碱对。共轭酸碱对的质子得失反应称为酸碱半反应。可用下式表示:

$$HA \rightleftharpoons H^+ + A^-$$

酸   碱

共轭

HA与A^-称为共轭酸碱对,常见的共轭酸碱对见表4-1。

表4-1 常见共轭酸碱对

酸	碱	酸	碱
HNO_3	NO_3^-	H_3PO_4	$H_2PO_4^-$
H_3O^+	H_2O	$H_2PO_4^-$	HPO_4^{2-}
H_2O	OH^-	HPO_4^{2-}	PO_4^{3-}

由此可见,酸、碱可以是阳离子、阴离子,也可以是中性分子。水既能给出质子,起酸的作用,又能接受质子,起碱的作用,这种既能给出质子又能接受质子的物质叫两性物质。

水分子之间存在质子的传递作用,称为水的质子自递作用。这个作用的平衡常数称为水的质子自递常数,用K_w表示,即水的离子积,25 ℃时约等于10^{-14}。

对于共轭酸碱对 HA—A⁻ 而言,其在水溶液中共轭酸碱对的 K_a、K_b 值之间满足 $K_aK_b=K_w$。

因此,对于共轭酸碱对来说,如果酸的酸性越强,则其对应共轭碱的碱性则越弱;反之,酸的酸性越弱,则其对应共轭碱的碱性则越强。

第三节 盐酸标准滴定溶液的配制与标定

盐酸是氯化氢的水溶液,工业用途广泛,全球每年生产约两千万吨的盐酸。16 世纪,利巴菲乌斯正式记载了氯化氢的制备方法,之后格劳勃、普利斯特里、戴维等化学家也在他们的研究中使用了盐酸。工业革命期间,盐酸开始大量生产。化学工业中,盐酸有许多重要应用,对产品的质量起决定性作用。盐酸可用于酸洗钢材,也是大规模制备许多无机、有机化合物所需的化学试剂,如 PVC 塑料的前体氯乙烯。盐酸还有许多小规模的用途,如用于家务清洁、生产明胶及其他食品添加剂、除水垢试剂、皮革加工等。盐酸的性状为无色透明的液体,有强烈的刺鼻气味,具有较高的腐蚀性。盐酸是胃酸的主要成分,它能够促进食物消化,抵御微生物感染。

一、实训目的

(1)掌握间接法制备标准滴定溶液的原理与方法。
(2)掌握标准滴定溶液浓度的计算方法与表示方法。
(3)掌握滴定终点的判断、测量数据的读取与记录方法。
(4)掌握有效数字的正确应用及分析数据的处理方法。

二、实训原理

滴定分析用标准溶液测定试样中的主要成分或常量成分。市售的盐酸中 HCl 含量不稳定,且常含有杂质,应采用间接法配制,再用基准物质标定。

常用的基准物质有无水碳酸钠和硼砂。

本实验采用无水碳酸钠基准物质进行标定。

滴定反应式为：$2HCl+Na_2CO_3 =\!=\!= 2NaCl+CO_2+H_2O$。

三、试剂

盐酸(市售,AR)、Na_2CO_3 基准物质(GR)、溴甲酚绿—甲基红混合指示剂。

四、操作步骤

1. 0.1 mol/L 盐酸溶液的配制

量取浓盐酸 4.5 mL,注入 500 mL 已预加 200~300 mL 蒸馏水的烧杯中,加水稀释至 500 mL 刻度线,混匀,转移至酸式试剂瓶中,待标定。

2. 0.1 mol/L 盐酸溶液的标定

准确称取于 270~300 ℃灼烧至恒重,并于干燥器中冷却至室温的基准试剂碳酸钠 0.2 g,置于 250 mL 锥形瓶中,加 50 mL 去离子水溶解,加 10 滴溴甲酚绿—甲基红指示液,用待标定的盐酸溶液滴定至溶液由绿色变为暗红色,煮沸 2 min,冷却后继续滴定至溶液再呈暗红色。平行测定三次。同时做空白试验。

五、结果计算

$$c(HCl) = \frac{m \times 1\,000}{(V_1 - V_2) \times M}$$

式中,m——无水碳酸钠的质量,g。

V_1——滴定碳酸钠消耗盐酸标准滴定溶液的体积,mL。

V_2——滴定空白溶液消耗盐酸标准滴定溶液的体积,mL。

M——无水碳酸钠的摩尔质量,g/mol,$[M(1/2\ Na_2CO_3) = 52.994]$。

六、数据记录及处理

数据记录表,见表 4-2。

表 4-2 原始数据记录表

内容	次数		
	1	2	3
称量瓶和基准物的质量(第一次读数)			
称量瓶和基准物的质量(第二次读数)			

续表

内容	次数		
	1	2	3
基准物的质量 $m(\text{g})$			
消耗盐酸标准溶液的体积 $V_1(\text{mL})$			
空白消耗盐酸标准溶液的体积 $V_2(\text{mL})$			
盐酸标准溶液的浓度 $c(\text{mol/L})$			
盐酸标准溶液浓度 c 的平均值(mol/L)			
相对平均偏差(%)			

第四节 氢氧化钠标准滴定溶液的配制与标定

氢氧化钠是国民经济中的重要化工原料之一,主要用于造纸、纤维素浆粕的生产和肥皂、合成洗涤剂、合成脂肪酸的生产以及动植物油脂的精炼。纺织印染工业,氢氧化钠用作棉布退浆剂、煮炼剂和丝光剂;化学工业,氢氧化钠用于生产硼砂、氰化钠、甲酸、草酸、苯酚等;石油工业,氢氧化钠用于精炼石油制品,并用于油田钻井泥浆中;氢氧化钠还用于生产氧化铝、金属锌和金属铜的表面处理以及玻璃、搪瓷、制革、医药、染料和农药方面。由于玻璃、陶瓷中含有 SiO_2,易受氢氧化钠侵蚀,因此实验室盛装氢氧化钠溶液的玻璃瓶需用橡胶塞,而不用玻璃塞。否则时间一长,氢氧化钠与瓶口玻璃中的 SiO_2 生成黏性的硅酸钠,同时还吸收 CO_2 生成易结块的碳酸钠,玻璃塞与瓶口黏结,瓶塞难以打开。

一、实训目的

(1)掌握用邻苯二甲酸氢钾标定氢氧化钠溶液的原理和方法。
(2)熟练使用减量法称量固体颗粒。
(3)熟练滴定操作和用酚酞指示剂判断滴定终点。

二、实训原理

固体氢氧化钠具有很强的吸湿性,且易吸收空气中的水分和二氧化碳,因而

常含有 Na_2CO_3,且含少量的硅酸盐、硫酸盐和氯化物,因此不能直接配制成准确浓度的溶液,只能配制成近似浓度的溶液,然后用基准物质进行标定,以获得准确浓度。

由于氢氧化钠的溶液中碳酸钠的存在,会影响酸碱滴定的准确度,在精确的测定中应配制不含 Na_2CO_3 的 NaOH 溶液并妥善保存。用邻苯二甲酸氢钾标定氢氧化钠溶液的反应式为:

$$\text{C}_6\text{H}_4(\text{COOK})(\text{COOH}) + \text{NaOH} \longrightarrow \text{C}_6\text{H}_4(\text{COOK})(\text{COONa}) + \text{H}_2\text{O}$$

由反应式可知,1 mol($KHC_8H_4O_4$)与 1 mol(NaOH)完全反应。到化学计量点时,溶液呈碱性,pH 约为 9,可选用酚酞作指示剂,滴定至溶液由无色变为浅粉色,30 s 不褪色即为滴定终点。由标定反应式可知,NaOH 和 $KHC_8H_4O_4$ 的基本单元分别为 NaOH 和 $KHC_8H_4O_4$。

三、试剂

氢氧化钠固体、酚酞指示液(10 g/L 乙醇溶液)、邻苯二甲酸氢钾基准物。

四、操作步骤

1. 0.1 mol/L 氢氧化钠溶液的配制

称取 2 g 氢氧化钠置于 500 mL 烧杯中,加无二氧化碳的水至 500 mL 刻度线,摇匀,转移至 500 mL 塑料瓶中,待标。

2. 0.1 mol/L 氢氧化钠溶液的标定

准确称取于 105~110 ℃ 电烘箱中干燥至恒重的工作基准试剂邻苯二甲酸氢钾 0.6 g,置于 250 mL 锥形瓶中,加 50 mL 无二氧化碳的水溶解,加 2 滴酚酞指示液(10 g/L),用待标定的氢氧化钠溶液滴定至溶液呈粉红色,并保持 30 s。记下氢氧化钠溶液消耗的体积,平行测定三次,同时做空白试验。

五、结果计算

$$c(\text{NaOH}) = \frac{m \times 1\,000}{(V - V_0)M}$$

式中,m——邻苯二甲酸氢钾的质量,g。

V——氢氧化钠溶液的体积,mL。

V_0——空白试验氢氧化钠溶液的体积,mL。

M——邻苯二甲酸氢钾的摩尔质量(204.22),g/mol。

六、数据记录及处理

数据记录表,见表4-3。

表4-3 原始数据记录表

内容	次数		
	1	2	3
称量瓶和基准物的质量(第一次读数)(g)			
称量瓶和基准物的质量(第二次读数)(g)			
基准物的质量 m(g)			
消耗氢氧化钠标准溶液的体积 V(mL)			
空白消耗氢氧化钠标准溶液的体积 V_0(mL)			
氢氧化钠标准溶液的浓度 c(mol/L)			
氢氧化钠标准溶液浓度 c 的平均值(mol/L)			
相对平均偏差(%)			

第五节 食醋总酸度的测定

我国是一个食醋生产和消费的大国,酿醋历史悠久,许多人都有食醋的习惯和爱好。随着人们生活水平的提高以及科学研究对食醋功能特性的进一步揭示,食醋的用途也越来越广,对食醋及其衍生产品的需求越来越大。醋已不仅仅局限于传统的烹调中,作为营养饮品、保健品等正日益受到越来越多人的喜好。食醋的味酸而醇厚,液香而柔和,它是烹饪中一种必不可少的调味品,主要成分为乙酸、高级醇类等。现用食醋主要有"米醋""熏醋""特醋""糖醋""酒醋""白醋"等,根据产地品种的不同,食醋中所含醋酸的量也不同,一般在5%左右,食醋的酸味强度的高低主要是其所含醋酸量的大小所决定的。

一、实训目的

(1) 学会用酸碱滴定法测定食醋中的总酸度。

(2) 掌握总酸度的表示方法。

(3) 掌握滴定终点的判断方法。

(4) 学习试样溶液的制备方法。

二、实训原理

食醋中的主要成分是醋酸,此外还含有少量的其他弱酸如乳酸等,用 NaOH 标准溶液滴定,在化学计量点是呈弱碱性,选用酚酞作指示剂,测得的是总酸度。化学反应方程式为:$NaOH+CH_3COOH \rightleftharpoons CH_3COONa+H_2O$。

三、试剂

白醋试样(市售)、蒸馏水(三级)、酚酞指示剂、NaOH(标准溶液)。

四、操作步骤

1. 试液的制备

用移液管移取食醋试样 25.00 mL,置于 250 mL 容量瓶中,用新煮沸冷却的蒸馏水稀释,定容,摇匀。

2. 测定

吸取上述醋酸试样 25.00 mL,移至锥形瓶中,加蒸馏水 75 mL 左右,加酚酞指示剂 2~3 滴,摇匀,用已标定的 NaOH 标准溶液滴定至溶液呈微红色,30 s 内不褪色,即为终点,并记录滴定管上的读数。平行测定三次。同时做空白实验。

五、结果计算

$$\rho = \frac{c \times (V-V_0) \times MHA_C}{25.00 \times \dfrac{25.00}{250.00}}$$

式中,V——消耗氢氧化钠标准滴定溶液的体积,mL。

V_0——空白样消耗氢氧化钠标准滴定溶液的体积,mL。

M——醋酸的摩尔质量的数值(62.05),g/mol。

六、数据记录及处理

数据记录表,见表4-4。

表4-4 原始数据记录表

内容	次数		
	1	2	3
吸取食醋的体积 V_s(mL)			
滴定消耗氢氧化钠标准溶液的体积 V(mL)			
氢氧化钠标准溶液的浓度 c(mol/L)			
食醋中醋酸的含量 ρ(g/L)			
食醋中醋酸的平均含量 $\bar{\rho}$(g/L)			
测定结果的相对平均偏差(%)			

第六节 铵盐中氮含量的测定(甲醛法)

铵盐的热稳定性差,固态铵盐受热易分解,一般分解为氨和相应的酸。由于氨是一个弱碱,所以铵盐在水溶液中都有一定程度的水解。若是由强酸组成的铵盐,其水溶液呈酸性。因此,在任何铵盐溶液中加入强碱并加热,就会释放氨。铵盐中的碳酸氢铵、硫酸铵、氯化铵和硝酸铵都是优良肥料,硝酸铵又可用来制造炸药。氯化铵用于染料工业、原电池以及焊接金属时除去表面的氧化物。

一、实训目的

(1)掌握甲醛法测定铵盐中氮含量的原理和方法。
(2)了解除去试剂中甲酸和试样中游离酸的方法。
(3)熟练滴定操作技术。

二、实训原理

铵盐与甲醛反应,定量生成$(CH_2)_6N_4H^+$(六亚甲基四胺的共轭酸)和H^+,反

应中生成的酸用 NaOH 标准滴定溶液滴定。以酚酞为指示液,滴定至浅粉红色 30s 不退即为终点。反应如下:

$$4NH_4^+ + 6HCHO \longrightarrow (CH_2)_6N_4H^+ + 3H^+ + 6H_2O$$

$$(CH_2)_6N_4H^+ + 3H^+ + 4OH^- \longrightarrow (CH_2)_6N_4 + 4H_2O$$

市售 40%甲醛中含有少量的甲酸,使用前必须先以酚酞为指示剂,用氢氧化钠溶液中和,否则会使测定结果偏高。一般情况下,化肥中常含有游离酸,应利用中和法除去。

三、试剂

氢氧化钠标准滴定溶液;酚酞指示剂(10 g/L 乙醇溶液);中性甲醛(1+1),使用时应以酚酞为指示剂,用 0.5 mol/L 氢氧化钠标准溶液中和至粉红色。

四、操作步骤

称取 1 g 硫酸铵试样,精确至 0.000 2 g,置于 250 mL 锥形瓶中,加 100~120 mL 水溶解,加 15 mL 甲醛溶液至试样溶液中,混匀,放置 5 min,再加入 3 滴酚酞指示液,用 0.5 mol/L 氢氧化钠标准滴定溶液滴定至溶液变为浅红色,1 min 不褪去(pH=8.5),即为终点,记下体积 V。

空白试验:在测定的同时,除不加试样外,按测定完全相同的分析步骤、试剂和用量进行平行操作。再加 1 滴甲基红指示液,观察颜色,如呈酸性,用氢氧化钠标准滴定溶液滴定至为橙色,体积为 V_0。平行测定 3 次。

五、结果计算

氨态氮含量 $w(\%)$ 按下式计算:

$$w = \frac{c \times (V - V_0) \times 14.01}{m \times 1\,000} \times 100$$

式中,V——滴定试样用去氢氧化钠标准滴定溶液的体积,mL。

V_0——空白试验用去氢氧化钠标准滴定溶液的体积,mL。

c——氢氧化钠标准滴定溶液的浓度,mol/L。

m——试样的质量,g。

14.01——氮的摩尔质量,g/mol。

六、数据记录及处理

数据记录表,见表4-5。

表4-5 铵盐中氮含量测定的原始数据记录表

内容	次数		
	1	2	3
倾样前称量瓶加样品的质量(g)			
倾样后称量瓶加样品的质量(g)			
样品的质量 m(g)			
滴定消耗氢氧化钠的体积 V(mL)			
氢氧化钠标准溶液的浓度 c(mol/L)			
铵盐中氮的含量 w(%)			
铵盐中氮的平均含量 $\bar{w}$(%)			
测定结果的相对平均偏差 $\bar{d}_x$(%)			

第七节 混合碱液($NaOH$、Na_2CO_3)含量的测定(双指示剂法)

工业碱是重要的化工原料之一,广泛应用于轻工日化、建材、化学工业、食品工业、冶金、纺织、石油、国防、医药等领域,用作制造其他化学品的原料、清洗剂、洗涤剂,也用于分析领域。工业混合碱的组分主要有 $NaOH$、Na_2CO_3、$NaHCO_3$,由于 $NaOH$ 与 $NaHCO_3$ 不可能共存,因此混合碱的组成为 $NaOH$ 与 Na_2CO_3 的混合物,或者为 Na_2CO_3 与 $NaHCO_3$ 的混合物。混合碱分析可采用氯化钡法和双指示剂法,其中双指示剂法是利用两种指示剂进行连续测定,根据两个终点所消耗酸标准溶液的体积来计算各组分的含量,此法方便、快速,在生产中应用普遍。

一、实训目的

(1)掌握双指示剂法测定混合碱中各组分含量的原理。

(2)掌握双指示剂法测定混合碱的操作技术。

(3)掌握双指示剂法判断滴定终点的方法。

二、实训原理

在混合碱试液中,先以酚酞为指示剂,用 HCl 标准滴定溶液滴定至近于无色,这是第一化学计量点(pH=8.3),消耗 HCl 标准滴定溶液 V_1。此时,溶液中 NaOH 全部被中和,Na_2CO_3 被中和至 $NaHCO_3$。

$$NaOH+HCl \longrightarrow NaCl+H_2O$$

$$Na_2CO_3+HCl \longrightarrow NaHCO_3+NaCl$$

再以甲基橙为指示剂,继续用 HCl 标准溶液滴定至溶液由黄色变为橙色,这是第二化学计量点(pH=3.89),消耗 HCl 标准滴定溶液 V_2,此时,溶液中 $NaHCO_3$ 被中和。

$$NaHCO_3+HCl \longrightarrow NaCl+CO_2+H_2O$$

可见,中和 NaOH 所消耗 HCl 溶液的体积为 (V_1-V_2),中和 Na_2CO_3 所消耗 HCl 溶液的体积为 $2V_2$。

三、试剂

混合碱试样、甲基橙指示剂(1 g/L 水溶液)、酚酞指示剂(10 g/L 乙醇溶液)、HCl 标准溶液。

四、操作步骤

准确称取 1.5~2.0 g 混合碱液置于锥形瓶中,去离子水 50 mL,加入酚酞指示剂 2 滴,用 HCl 标准溶液滴定至终点由红色刚好褪色,记下体积 V_1;再加入甲基橙指示剂 2 滴,滴定管调零,在同一个锥形瓶中继续滴定,终点由黄色变为橙色,记下体积 V_2。(平行测定 3 份)

五、结果计算

碳酸钠质量分数 w_1,氢氧化钠质量分数 w_2,用%表示。

$$w_1 = \frac{c \times 2V_2 \times M_1}{m \times \frac{25}{250} \times 1\ 000} \times 100$$

$$w_2 = \frac{c \times (V_1 - V_2) \times M_2}{m \times \frac{25}{250} \times 1\,000} \times 100$$

式中，V_1——用酚酞作指示剂时消耗盐酸标准滴定溶液的体积，mL。

V_2——用甲基橙作指示剂时消耗盐酸标准滴定溶液的体积，mL。

c——盐酸标准滴定溶液的浓度，mol/L。

M_1——碳酸钠的摩尔质量 $[M(1/2Na_2CO_3) = 53.00]$，g/mol。

M_2——氢氧化钠钠的摩尔质量 $[M(NaOH) = 40.00]$，g/mol。

m——混合碱样品的质量，g。

六、数据记录及处理

数据记录表，见表4-6。

表4-6 混合碱测定的原始记录表

内容	次数		
	1	2	3
称量瓶和样品的质量（第一次读数）(g)			
称量瓶和样品的质量（第二次读数）(g)			
样的质量 m(g)			
盐酸浓度 c(mol/L)			
第一次滴定消耗盐酸标准溶液的体积 V_1(mL)			
第二次滴定消耗盐酸标准溶液的体积 V_2(mL)			
碳酸钠的质量分数 w_1(%)			
氢氧化钠的质量分数 w_2(%)			
碳酸钠的平均质量分数(%)			
氢氧化钠的平均质量分数(%)			
碳酸钠测定结果的相对平均偏差 $\overline{d_{\bar{x}}}$(%)			
氢氧化钠测定结果的相对平均偏差 $\overline{d_{\bar{x}}}$(%)			

第八节　EDTA 标准滴定溶液的配制与标定

EDTA 是一种重要的络合剂,用途很广,可用作彩色感光材料冲洗加工的漂白定影液、染色助剂、纤维处理助剂、化妆品添加剂、血液抗凝剂、洗涤剂、稳定剂、合成橡胶聚合引发剂等。EDTA 是螯合剂的代表性物质,能和碱金属、稀土元素、过渡金属等形成稳定的水溶性络合物。除钠盐外,还有铵盐及铁、镁、钙、铜、锰、锌、钴、铝等各种盐,这些盐各有不同的用途。此外,EDTA 也可用来使有害放射性金属从人体中迅速排出,从而起到解毒作用,也是水的处理剂,还是一种重要的指示剂,可是用来滴定金属镍、铜等。

一、实训目的

(1)掌握间接法配制 EDTA 标准滴定溶液的原理和方法。

(2)熟悉铬黑 T(EBT)、二甲酚橙指示剂和钙指示剂的配制方法、应用条件和终点颜色判断。

(3)提高平行测定的精密度。

二、实训原理

标定 EDTA 溶液的基准试剂较多,如金属锌、铜、银、铅以及 ZnO、$CaCO_3$ 等。用 ZnO 基准物标定,溶液酸度控制在 pH = 10 的 NH_3—NH_4Cl 缓冲溶液中,以铬黑 T(EBT)作指示剂直接滴定,终点由红色变为纯蓝色。

配制好的 EDTA 溶液应贮存在聚乙烯塑料瓶或硬质玻璃瓶中。若贮存在软质玻璃瓶中,EDTA 会不断地溶解玻璃中的 Ca^{2+}、Mg^{2+} 等离子形成配合物,使其浓度不断降低。

三、试剂

乙二胺四乙酸二钠盐($Na_2H_2Y \cdot 2H_2O$)、HCl(20%)、氨水(10%)、NH_3—NH_4Cl 缓冲溶液(pH = 10)、铬黑 T(5 g/L)、基准试剂氧化锌。

四、操作步骤

称取乙二胺四乙酸二钠 4 g 于 500 mL 烧杯中,加蒸馏水至 500 mL 刻线,加热溶解,冷却,摇匀,转移至塑料试剂瓶中,待标定。

准确称取在高温炉中于 800±50 ℃ 灼烧至恒重的工作基准试剂氧化锌 0.42 g,精确到 0.000 1 g,并置于 100 mL 烧杯中,用少量水湿润,加 5 mL 盐酸溶液(20%)溶解(溶解过程用表面皿盖住小烧杯),待溶解完全,转移至 250 mL 容量瓶中,稀释至刻度,摇匀。用移液管移取 25.00 mL 于 250 mL 锥形瓶中,加 70 mL 蒸馏水,用氨水溶液(10%)调节溶液 pH 至 7~8(瓶中有沉淀生成时即 pH 已调至 7~8),加 10 mL 氨—氯化铵缓冲溶液(pH≈10)及 5 滴铬黑 T 指示液(5 g/L),用待标定的 EDTA 溶液滴定至溶液由紫色变为纯蓝色。平行测定三次,同时做空白实验。

五、结果计算

$$c(\text{EDTA}) = \frac{m \times \frac{25.0}{250} \times 1\,000}{(V_1 - V_2) M}$$

式中,m——氧化锌的质量的准确数值,g。

V_1——乙二胺四乙酸二钠溶液的体积的数值,mL。

V_2——空白试验乙二胺四乙酸二钠溶液的体积的数值,mL。

M——氧化锌的摩尔质量的数值,g/mol[$M(\text{ZnO}) = 81.39$]。

六、数据记录及处理

数据记录表,见表 4-7。

表 4-7 原始数据记录表

内容	次数		
	Ⅰ	Ⅱ	Ⅲ
称量瓶和基准物的质量(第一次读数)(g)			
称量瓶和基准物的质量(第二次读数)(g)			
基准物的质量 m(g)			

续表

内容	次数		
	I	II	III
标定消耗 DETA 标准溶液的体积 V(mL)			
空白消耗 DETA 标准溶液的体积 V_0(mL)			
EDTA 标准溶液的浓度 c(mol/L)			
EDTA 标准溶液浓度 c 的平均值(mol/L)			
标定结果的相对平均偏差(%)			

第九节　氯化锌纯度的测定

氯化锌一般为无色或白色,有极强的水溶性和吸湿性,甚至会潮解,应在干燥处密封储存,避免与空气中的水蒸气接触。氯化锌具有溶解金属氧化物和纤维素的特性,熔融氯化锌有很好的导电性能,灼热时有浓厚的白烟生成。氯化锌有腐蚀性,有毒。氯化锌的用途很广泛,它可以用作有机合成工业的脱水剂、催化剂,以及染织工业的媒染剂、上浆剂和增重剂,也用作石油净化剂和活性炭活化剂。由于氯化锌与丝绸、纤维素等材料的亲和性,它可用作衣料的防火物质,也可用于织物气味洁净剂。氯化锌可以攻击金属氧化物(MO)生成 $MZnOCl_2$,这就是它作为金属焊剂的原理。氯化锌还用于电池、硬纸板、电镀、医药、木材防腐、农药和焊接等方面。近年来,随着小型电器的不断增多,同时石油、有机合成等工业发展迅猛,需要量也在大量地增加,从而促进了氯化锌工业生产的发展。

一、实训目的

(1)掌握氯化锌纯度测定的原理和方法。
(2)掌握铬黑 T 指示剂的作用原理。
(3)提高平行测定的精密度。

二、实训原理

游离的铬黑 T 在 pH 为 6.3~11.6 时显蓝色,铬黑 T 与 Zn^{2+} 形成的络合物

Zn-EBT 是红色的。随着 EDTA 的滴入,游离的 Zn^{2+} 逐渐被消耗,当所有的游离锌离子都与 EDTA 形成了络合物,再滴入的 EDTA 就会争夺 Zn-EBT 的 Zn,从而发生置换反应:

$$Zn\text{-}EBT(红色) + Y \rightleftharpoons EBT(蓝色) + Zn\text{-}Y$$

被置换出的游离的铬黑 T 显蓝色,所以锥形瓶中试液由红色变为蓝色,指示终点的到达。

三、试剂

EDTA 标准滴定溶液、盐酸(20%)、四水合酒石酸钾钠、铬黑 T 指示剂、氨水、氯化锌试样。

四、操作步骤

称取约 0.3 g 试样,精确至 0.000 1 g,加 50 mL 水和数滴 20% 的盐酸溶液,加入 3 g 四水合酒石酸钾钠,用氨水中和并过量 1 mL,加 4 滴铬黑 T 指示剂,用 EDTA 标液滴定至溶液由红色变为纯蓝色,记下消耗体积 V,平行测定三次。同时做空白试验。

五、结果计算

氯化锌的质量分数 w,数值以"%"表示。

$$w(ZnCl_2) = \frac{c \times (V - V_0) \times 10^{-3} \times M}{m} \times 100\%$$

式中,c——乙二胺四乙酸二钠标准溶液的物质的量浓度,mol/L。

V——测定试样消耗乙二胺四乙酸二钠标准溶液的体积,mL。

V_0——测定空白消耗乙二胺四乙酸二钠标准溶液的体积,mL。

M——氯化锌的摩尔质量[$M(ZnCl_2) = 136.3$],g/mol。

m——氯化锌试样的质量,g。

六、数据记录及处理

数据记录表,见表 4-8。

表 4-8 原始数据记录表

内容	次数		
	1	2	3
EDTA 标准溶液的浓度 c(mol/L)			
称量瓶和氯化锌试样的质量(g)(第一次读数)			
称量瓶和氯化锌试样的质量(g)(第二次读数)			
氯化锌试样的质量 m(g)			
测定消耗 EDTA 标准溶液的体积 V(mL)			
空白溶液消耗 EDTA 标准溶液的体积 V_0(mL)			
氯化锌的含量 w(%)			
氯化锌的含量的平均值(%)			
相对平均偏差(%)			

第十节 工业冷却循环水中总硬度的测定

硬度是水质的一个重要监测指标,通过监测可以知道其是否可以用于工业生产及日常生活。如硬度高的水可使肥皂沉淀使洗涤剂的效用大大降低,纺织工业上硬度过大的水使纺织物粗糙且难以染色;烧锅炉易堵塞管道,引起锅炉爆炸事故;高硬度的水,难喝、有苦涩味,饮用后甚至影响胃肠功能等。测定水的总硬度就是测定水中 Ca^{2+}、Mg^{2+} 的含量。

一、实训目的

(1)掌握用配位滴定法直接测定锅炉水中总硬度的原理和方法。
(2)掌握水中总硬度的表示方法。
(3)掌握铬黑 T 指示剂的应用条件。
(4)提高平行测定的精密度。

二、实验原理

水硬度的测定分为钙镁总硬度和分别测定钙、镁硬度两种。

水的总硬度测定，用 NH_3—NH_4Cl 缓冲溶液控制水样 pH=10，以铬黑 T 为指示剂，用三乙醇胺掩蔽 Fe^{2+}、Al^{3+} 等共存离子，用 Na_2S 消除 Cu^{2+}、Pb^{2+} 等离子的影响，用 EDTA 标准溶液直接滴定 Ca^{2+} 和 Mg^{2+}，终点时溶液由红色变为纯蓝色。

钙硬度测定，用 NaOH 调节水试样 pH=12，Mg^{2+} 形成 $Mg(OH)_2$ 沉淀，用 EDTA 标准溶液直接滴定 Ca^{2+}，采用钙指示剂，终点时溶液由红色变为蓝色。

镁硬度则可由总硬度与钙硬度之差求得。

三、试剂

EDTA 标准滴定溶液、氢氧化钠、氨—氯化铵缓冲溶液、钙指示剂、铬黑 T 指示剂、工业冷却循环水样。

四、操作步骤

移取工业冷却循环水样 50.00 mL，加 5 mol/L NaOH 溶液 5 mL，加水 25 mL，钙指示剂适量，用 EDTA 标液滴定至溶液由红色变为纯蓝色，记下体积 V_1。再同样取水样 50.00 mL 于锥形瓶中，加 10 mL pH=10 的氨水—氯化铵缓冲溶液甲，铬黑 T 指示剂 4 滴，用 EDTA 标液滴定至溶液由红色变为纯蓝色，记下体积 V_2。

五、结果计算

钙离子和镁离子的质量浓度 ρ，数值以"mg/L"表示。

$$\rho_{钙} = \frac{c \times V_1 \times 10^3 \times M_1}{V} (mg/L)$$

$$\rho_{镁} = \frac{c \times (V_1 - V_2) \times 10^3 \times M_2}{V} (mg/L)$$

式中，c——乙二胺四乙酸二钠标准溶液的物质的量浓度，mol/L。

V_1——测定钙离子消耗乙二胺四乙酸二钠标准溶液的体积，mL。

V_2——测定钙镁离子消耗乙二胺四乙酸二钠标准溶液的体积，mL。

M_1——钙的摩尔质量[$M(Ca)=40.08$]，g/mol。

M_2——镁的摩尔质量[$M(Mg)=24.31$]，g/mol。

V——水样的体积，mL。

六、数据记录及处理

数据记录表,见表 4-9。

表 4-9 原始数据记录表

内容	次数		
	1	2	3
EDTA 标准溶液的浓度 c(mol/L)			
移取水样的体积 V(mL)			
测定钙离子消耗 EDTA 标准溶液的体积 V_1(mL)			
钙离子的含量 $\rho_{钙}$(mg/L)			
钙离子的含量的平均值(mg/L)			
相对平均偏差(%)			
测定钙镁离子消耗 EDTA 标准溶液的体积 V_2(mL)			
镁离子的含量 $\rho_{镁}$(mg/L)			
镁离子的含量的平均值(mg/L)			
相对平均偏差(%)			

第十一节 高锰酸钾标准滴定溶液的配制与标定

高锰酸钾,强氧化剂,紫红色晶体,可溶于水,广泛用作为氧化剂,如用作制糖精、维生素 C、异烟肼及苯甲酸的氧化剂。高锰酸钾在工业上用作消毒剂、漂白剂等,在实验室,高锰酸钾因其强氧化性和溶液颜色鲜艳而被用于物质的鉴定,酸性高锰酸钾溶液是氧化还原滴定的重要试剂。在医学上,高锰酸钾可用于消毒、洗胃。高锰酸钾需避光存于阴凉处,严禁与易燃物、金属粉末同放。

一、实训目的

(1)掌握用草酸钠标定高锰酸钾溶液的原理和方法。

(2)熟练使用减量法称量固体颗粒。

(3)熟练滴定操作和用自身指示剂判断滴定终点。

二、实验原理

固体 $KMnO_4$ 试剂常含少量杂质,主要有二氧化锰,其他杂质如氯化物、硫酸盐、硝酸盐、氯酸盐等。$KMnO_4$ 溶液不稳定,在放置过程中由于自身分解、见光分解、蒸馏水中微量还原性物质与 MnO_4^- 反应析出 $MnO(OH)_2$ 沉淀等作用致使溶液浓度发生改变。因此,不能用直接法制备 $KMnO_4$ 标准滴定溶液,而采用间接法(即标定法)。

在酸度为 $0.5\sim1$ mol/L 的 H_2SO_4 酸性溶液中,以 $Na_2C_2O_4$ 为基准物标定 $KMnO_4$ 溶液,反应式为

$$5C_2O_4^{2-} + 2MnO_4^- + 16H^+ \longrightarrow 2Mn^{2+} + 10CO_2\uparrow + 8H_2O$$

以 $KMnO_4$ 自身为指示剂。由标定反应式可知,$Na_2C_2O_4$ 和 $KMnO_4$ 的基本单元分别为 $1/2Na_2C_2O_4$ 和 $1/5KMnO_4$。

三、试剂

$KMnO_4$ 固体;准试剂 $Na_2C_2O_4$,在 $105\sim110$ ℃烘至恒重;$(8+92)H_2SO_4$ 溶液,在不断搅拌下缓慢将 8 mL 浓 H_2SO_4 加入 92 mL 水中。

四、操作步骤

1. 500 mL 0.1 mol/L $c(1/5KMnO_4)$ 溶液的配制

称取 1.6 g 高锰酸钾,溶于 525 mL 水中,缓缓煮沸 15 min,冷却,于暗处放置两周(由教师提前准备)。用已处理过的 4 号玻璃滤锅过滤,贮存于棕色瓶中。玻璃滤锅的处理是指玻璃滤锅在同样浓度的高锰酸钾溶液中缓缓煮沸 5 min。

2. 0.1 mol/L $c(1/5KMnO_4)$ 溶液的标定

准确称取在电烘箱中于 $105\sim110$ ℃干燥至恒重的工作基准试剂草酸钠 0.25 g,精确到 0.000 1 g,并置于 250 mL 锥形瓶中,加入 100 mL 硫酸溶液(8+92)溶解,加热至 $70\sim80$ ℃,用待标定的高锰酸钾溶液滴定,滴定至溶液呈粉红色,并保持 30 s。平行测定三次,同时做空白试验。

注意：(1)温度：加热至 70~80 ℃ 滴定，滴定完毕时，温度不应低于 60 ℃，滴定时温度不宜超过 90 ℃，否则 $H_2C_2O_4$ 部分分解。$H_2C_2O_4 \longrightarrow CO_2\uparrow + CO\uparrow + H_2O$。

(2)酸度：滴定开始时，酸度 0.5~1 mol/L；结束时，0.2~0.5 mol/L。酸度不足，易生成 MnO_2 沉淀；酸度过高，$H_2C_2O_4$ 分解。

(3)滴定速度：不能太快，尤其刚开始时，否则 $4MnO_4^- + 12H^+ \longrightarrow 4MnO_2 + O_2\uparrow + 6H_2O$。

五、结果计算

$$c(1/5KMnO_4) = \frac{m \times 1000}{(V-V_0)M}$$

式中，m——草酸钠的质量的准确数值，g。

V——高锰酸钾溶液的体积的数值，mL。

V_0——空白试验高锰酸钾溶液的体积的数值，mL。

M——草酸钠的摩尔质量的数值，g/mol，[$M(1/2Na_2C_2O_4) = 66.999$]。

六、数据记录及处理

数据记录表，见表 4-10。

表 4-10 原始数据记录表

内容	次数		
	Ⅰ	Ⅱ	Ⅲ
称量瓶和基准物的质量(第一次读数)			
称量瓶和基准物的质量(第二次读数)			
基准物的质量 m(g)			
实际消耗高锰酸钾标准溶液的体积 V(mL)			
空白消耗高锰酸钾标准溶液的体积 V_0(mL)			
高锰酸钾标准溶液的浓度 c(mol/L)			
高锰酸钾标准溶液浓度 c 的平均值(mol/L)			
标定结果的相对平均偏差(%)			

第十二节　重铬酸钾标准溶液的配制与标定

重铬酸钾为橙红色三斜晶体或针状晶体。化学工业,用作生产铬盐产品如三氧化二铬等的主要原料;火柴工业,用作制造火柴头的氧化剂;搪瓷工业,用于制造搪瓷瓷釉粉,使搪瓷成绿色;玻璃工业,用作着色剂;印染工业,用作媒染剂;香料工业,用作氧化剂等。由于重铬酸钾在酸性下具有强氧化性,实验室中常用它配制铬酸洗液,来洗涤化学玻璃器皿,以除去器壁上的还原性污物。使用后,洗液由暗红色变为绿色,洗液即失效。重铬酸钾还应用于分析化学,常用来定量测定还原性的氢硫酸、亚硫酸、亚铁离子等。另外,它还是测试水体化学耗氧量(COD)的重要试剂之一。

一、实训目的

(1)掌握用硫代硫酸钠标定重铬酸钾溶液的原理和方法。
(2)熟练滴定操作和用淀粉指示剂判断滴定终点。

二、实验原理

重铬酸钾标准滴定溶液配制方法有两种:一种是直接法,即准确称量基准物质,溶解后定容至一定体积;一种是间接标定法,即先配制成近似需要的浓度,再用基准物质或用标准溶液来进行标定。

如果试剂符合基准物质的要求(组成与化学式相符、纯度高、稳定),可以直接配制标准溶液,即准确称出适量的基准物质,溶解后配制在一定体积的容量瓶内,可计算出标准溶液的浓度。

如果试剂不符合基准物质的要求,则先配成近似于所需浓度的溶液,然后再用基准物质准确地测定其浓度,这个过程称为溶液的标定。

当用间接法配制重铬酸钾标准滴定溶液时,在一定量 $K_2Cr_2O_7$ 溶液中加入过量 KI 溶液及硫酸溶液,生成的 I_2 用 $Na_2S_2O_3$ 标准溶液滴定。反应式为

$$Cr_2O_7^{2-} + 6I^- + 14H^+ \longrightarrow 2Cr^{3+} + 3I_2 + 7H_2O$$

$$I_2 + 2S_2O_3^{2-} \longrightarrow 2I^- + S_4O_6^{2-}$$

以淀粉指示剂确定终点。由标定反应式可知,$K_2Cr_2O_7$ 和 $Na_2S_2O_3$ 的基本单元分别为 $1/6K_2Cr_2O_7$ 和 $Na_2S_2O_3$。下面重点学习间接法配制重铬酸钾标准滴定溶液。

三、试剂

$K_2Cr_2O_7$ 固体、KI 固体(分析纯)、H_2SO_4 溶液(20%)、0.1 mol/L 的 $Na_2S_2O_3$ 标准滴定溶液、淀粉指示液(10 g/L)。

四、操作步骤

1. 0.1 mol/L 重铬酸钾溶液的配制

称取 2.5 g 重铬酸钾于烧杯中,加 200 mL 水溶解,转入 500 mL 试剂瓶。每次用少量水冲洗烧杯多次,转入试剂瓶,稀释至 500 mL,待标定。

2. 0.1 mol/L 重铬酸钾溶液的标定

用滴定管量取 3 份 35~40 mL 配制好的重铬酸钾溶液,分别置于 3 个 500 mL 碘量瓶中,分别加入 2 g 碘化钾及 20 mL 硫酸溶液(20%),用水封碘量瓶,摇匀,于暗处放置 10 min。加 150 mL 水(15~20 ℃)用硫代硫酸钠标准溶液(事先标定好)[$c(Na_2S_2O_3) = 0.1$ mol/L]滴定,近终点时加 2 mL 淀粉指示液(10 g/L),继续滴定至溶液由蓝色变为亮绿色。平行测定三次,同时做空白试验。

注意:间接法配制 $K_2Cr_2O_7$ 标准滴定溶液中,$Na_2S_2O_3$ 标准溶液滴定至浅黄色,颜色应尽量浅,但注意不要过量。

五、结果计算

$$c(1/6K_2Cr_2O_7) = \frac{(V_1 - V_0) \times c_1}{V_2}$$

式中,V_0——空白试验消耗的硫代硫酸钠标准溶液体积的准确数值,mL。

V_1——滴定重铬酸钾消耗的硫代硫酸钠标准滴定溶液体积的准确数值,mL。

c_1——硫代硫酸钠标准滴定溶液浓度的准确数值,mol/L。

V_2——重铬酸钾溶液体积的准确数值,mL。

六、数据记录及处理

数据记录表,见表4-11。

表4-11 原始数据记录表

内容	次数		
	1	2	3
量取的重铬酸钾的体积 V_2(mL)			
消耗硫代硫酸钠标准溶液的体积 V_1(mL)			
空白消耗硫代硫酸钠标准溶液的体积 V_0(mL)			
重铬酸钾标准溶液的浓度 $c(1/6K_2Cr_2O_7)$(mol/L)			
重铬酸钾标准溶液浓度 $c(1/6K_2Cr_2O_7)$的平均值(mol/L)			
相对平均偏差(%)			

第十三节 硫代硫酸钠标准滴定溶液的配制与标定

硫代硫酸钠,无色单斜晶系结晶,又名次亚硫酸钠、大苏打、海波,是常见的硫代硫酸盐,加热至100 ℃失去5个结晶水,易溶于水,水溶液近中性。硫代硫酸钠溶于松节油及氨,不溶于醇,在空气中有潮解性,在33 ℃以上的干燥空气中易风化,具有还原性,能溶解卤素及银盐。造纸工业,硫代硫酸钠用作纸浆漂白后的除氯剂;印染工业,硫代硫酸钠用作棉织品漂白后的脱氯剂;分析化学,硫代硫酸钠用作色层分析、容量分析用试剂;医药上,硫代硫酸钠用作洗涤剂、消毒剂;食品工业,硫代硫酸钠用作螯合剂、抗氧化剂等。

一、实训目的

(1)掌握用重铬酸钾标定硫代硫酸钠溶液的原理和方法。

(2)熟练使用减量法称量固体颗粒。

(3)掌握间接碘量法的测定条件。

二、实验原理

($Na_2S_2O_3 \cdot 5H_2O$)硫代硫酸钠一般含有少量杂质,如 S、Na_2SO_3、Na_2SO_4、Na_2CO_3 及 NaCl 等,同时还容易风化和潮解,因此不能直接配制准确浓度的溶液。硫代硫酸钠易受空气和微生物等的作用分解。

(1)水中溶解的 CO_2 易使 $Na_2S_2O_3$ 分解:$S_2O_3^{2-}+CO_2+H_2O \longrightarrow HSO_3^- +HCO_3^- +S\downarrow$。

(2)空气氧化:$2S_2O_3^{2-}+O_2 \longrightarrow SO_4^{2-}+S\downarrow$。

(3)水中微生物作用:$S_2O_3^{2-} \longrightarrow Na_2SO_3+S\downarrow$。

以 $K_2Cr_2O_7$ 为基准物标定 $Na_2S_2O_3$ 的基本原理反应式为

$$Cr_2O_7^{2-}+6I^-+14H^+ \longrightarrow 2Cr^{3+}+3I_2+7H_2O$$

$$I_2+2S_2O_3^{2-} \longrightarrow 2I^-+S_4O_6^{2-}$$

以淀粉指示剂确定终点。由标定反应式可知,$K_2Cr_2O_7$ 和 $Na_2S_2O_3$ 的基本单元分别为 $1/6K_2Cr_2O_7$ 和 $Na_2S_2O_3$。

三、试剂

$Na_2S_2O_3 \cdot 5H_2O$ 或无水硫代硫酸钠;$K_2Cr_2O_7$ 固体(基准试剂),使用前在 120±2 ℃的电烘箱中干燥至恒重;KI 固体(分析纯);H_2SO_4 溶液(20%);淀粉指示液(10 g/L)。

四、操作步骤

1. $c(Na_2S_2O_3)$ = 0.1 mol/L 的硫代硫酸钠标准滴定溶液的配制

称取 26 g 结晶硫代硫酸钠($Na_2S_2O_3 \cdot 5H_2O$)(或 16 g 无水硫代硫酸钠),加 0.2 g 无水碳酸钠,溶于 100 mL 水中,缓缓煮沸 10 min,冷却。放置两周后过滤,待标定。

2. $c(Na_2S_2O_3)$ = 0.1 mol/L 的硫代硫酸钠标准滴定溶液的标定

称取 0.18 g 于 120±2 ℃干燥至恒重的工作基准试剂重铬酸钾,置于碘量瓶中,加入 25 mL 水,摇动使其全溶,加 2 g 碘化钾及 20 mL 硫酸溶液(20%),盖上瓶塞轻轻摇匀,以少量水封住瓶口,于暗处放置 10 min。

取出用洗瓶冲洗瓶塞和瓶颈内壁,加 150 mL 煮沸并冷却后的蒸馏水稀释,用待标定的 Na_2SO_3 标准滴定溶液滴定,至溶液出现淡黄绿色时,加 2 mL 10 g/L 的淀粉溶液,继续滴定至溶液由蓝色变为亮绿色即为终点,记录消耗硫代硫酸钠标准滴定溶液的体积。平行测定 3 次,同时做空白试验。

五、结果计算

$$c(Na_2S_2O_3)=\frac{m\times 1000}{(V_1-V_2)M}$$

式中,m——重铬酸钾的质量的准确数值,g。

V_1——硫代硫酸钠溶液的体积的数值,mL。

V_2——空白试验硫代硫酸钠的体积的数值,mL。

M——重铬酸钾的摩尔质量的数值[$M(1/6K_2Cr_2O_7)=49.031$],g/mol。

六、数据记录及处理

数据记录表,见表 4-12。

表 4-12 原始数据记录表

内容	次数		
	I	II	III
称量瓶和基准物的质量(第一次读数)			
称量瓶和基准物的质量(第二次读数)			
基准物的质量 m(g)			
实际消耗硫代硫酸钠标准溶液的体积 V_1(mL)			
空白消耗硫代硫酸钠标准溶液的体积 V_2(mL)			
硫代硫酸钠标准溶液的浓度 c(mol/L)			
硫代硫酸钠标准溶液浓度 c 的平均值(mol/L)			
相对平均偏差(%)			

第十四节 碘标准滴定溶液的配制与标定

碘虽然是一种非金属化学物质,但却闪耀着金属般的光泽。碘虽然是固体,却又很易升华,可以不经过液态而直接变为气态。碘和蛋白质、脂肪、糖类、维生素一样尽管其含量极低,却是人体各个系统所必不可少的微量元素。碘有各种不同的用途,约一半的碘被转化成有机碘化合物,15%维持纯碘状态,还有15%被做成碘化钾。碘化物的主要用途有催化剂、食物添加剂、稳定剂、染剂、着色剂、颜料、药品等。另外,碘还有一个特性,它和淀粉会形成一种复杂的蓝色化合物。当用涂了碘酒的手去拿馒头时,手上立即会出现蓝斑。碘的这一特性,在分析化学上得到了应用——著名的"碘定量法",便是利用淀粉溶液来作指示剂。

一、实训目的

(1)掌握用硫代硫酸钠标定碘溶液的原理和操作技术。
(2)熟练滴定操作和用淀粉指示剂判断滴定终点。

二、实验原理

碘可以通过升华法制得纯试剂,但因其升华及对天平有腐蚀性,故不宜用直接法配制 I_2 标准溶液而采用间接法。

方法一:用基准物质 As_2O_3 来标定 I_2 溶液。As_2O_3 难溶于水,可溶于碱溶液中,与 $NaOH$ 反应生成亚砷酸钠,用 I_2 溶液进行滴定。

方法二:用 $Na_2S_2O_3$ 标准溶液"比较",用 I_2 溶液滴定一定体积的 $Na_2S_2O_3$ 标准溶液。以淀粉为指示剂,终点由蓝色到无色。反应式为

$$I_2 + 2S_2O_3^{2-} = S_4O_6^{2-} + 2I^-$$

三、试剂

$Na_2S_2O_3 \cdot 5H_2O$ 或无水硫代硫酸钠(分析纯固体试剂);固体试剂 KI(分析纯);固体试剂 I_2(分析纯);淀粉指示液,10 g/L。

四、操作步骤

1. 500 mL 0.1 mol/L 碘溶液的配制

称取 6.5 g 碘及 17 g 碘化钾,溶于 100 mL 水中,稀释至 500 mL,摇匀,贮存于棕色瓶中。

2. 0.1 mol/L 碘溶液的标定

准确移取 25.00 mL 配制好的碘溶液,置于碘量瓶中,加 150 mL 水(15~20 ℃),用硫代硫酸钠标准滴定溶液[$c(Na_2S_2O_3) = 0.1$ mol/L]滴定,近终点时(溶液呈浅黄色),加 2 mL 淀粉指示液(10 g/L),继续滴定至蓝色消失。平行测定三次,同时做空白试验。

五、结果计算

用 $Na_2S_2O_3$ 标准溶液"比较"时,碘标准滴定溶液浓度的计算:

$$c(1/2\,I_2) = \frac{(V_1 - V_0) \times c(Na_2S_2O_3)}{25.00}$$

式中,$c(Na_2S_2O_3)$——硫代硫酸钠标准滴定溶液的浓度,mol/L。

V_1——滴定消耗硫代硫酸钠标准滴定溶液的体积,mL。

V_0——空白试验硫代硫酸钠的体积,mL。

六、数据记录及处理

数据记录表,见表 4-13。

表 4-13 原始数据记录表

内容	次数		
	1	2	3
量取碘标准溶液的体积 V_2(mL)			
消耗硫代硫酸钠标准溶液的体积 V_1(mL)			
硫代硫酸钠标准溶液的浓度 c_1(mol/L)			
碘标准溶液的浓度 c(mol/L)			
碘标准溶液浓度 c 的平均值(mol/L)			
相对平均偏差(%)			

第十五节　过氧化氢含量的测定

过氧化氢对细菌有很好的杀灭效果,在医学上常用3%的过氧化氢消毒,在食品包装中也常用过氧化氢消毒。

一、实训目的

(1)掌握测定过氧化氢含量的基本原理、方法和相关计算。

(2)理解氧化还原滴定法中的自动催化作用。

(3)熟悉高锰酸钾法的终点判断。

二、实验原理

在酸性溶液中,H_2O_2 是强氧化剂,但遇到强氧化剂 $KMnO_4$ 时,又表现为还原剂。因此,可以在酸性溶液中用 $KMnO_4$ 标准滴定溶液直接滴定测得 H_2O_2 的含量。反应式为

$$5H_2O_2 + 2MnO_4^- + 6H^+ \longrightarrow 2Mn^{2+} + 8H_2O + 5O_2\uparrow$$

以 $KMNO_4$ 自身为指示剂。由标定反应式可知,$KMnO_4$ 和 H_2O_2 的基本单元分别为 $1/5KMnO_4$ 和 $1/2H_2O_2$。

三、试剂

$KMnO_4$ 标准滴定溶液,$c(1/5KMnO_4) = 0.1$ mol/L;H_2SO_4 溶液,$c(H_2SO_4) = 3$ mol/L;双氧水试样。

四、操作步骤

称取 1.5 g 过氧化氢试样于已加 25 mL 水、10 mL 硫酸溶液(质量分数为20%)的锥形瓶中,用 $c(1/5KMnO_4) = 0.1$ mol·L^{-1} 标准滴定溶液滴定至溶液呈粉红色,保持 30 s,读数。平行测定三次,并做空白试验。

注意:①滴定反应前,可加入少量 $MnSO_4$ 催化 H_2O_2 与 $KMnO_4$ 的反应;②若工业产品 H_2O_2 中含有稳定剂如乙酰苯胺,也会消耗 $KMnO_4$,使 H_2O_2 测定结果

偏高。如遇此情况,应采用碘量法或铈量法进行测定。

五、结果计算

$$\rho(H_2O_2) = \frac{c(1/5KMnO_4)V(KMnO_4)\times 10^{-3}\times M(1/2H_2O_2)}{V\times \dfrac{25}{250}}\times 1\,000$$

式中,$\rho(H_2O_2)$——过氧化氢的质量浓度,g/L。

$c(1/5KMnO_4)$——$KMnO_4$ 标准滴定溶液的浓度,mol/L。

$V(KMnO_4)$——滴定消耗 $KMnO_4$ 标准滴定溶液的体积,mL。

$M(1/2H_2O_2)$——$1/2H_2O_2$ 的摩尔质量,17.01 g/mol。

V——测定时量取的过氧化氢试液体积,mL。

六、数据记录及处理

数据记录表,见表4-14。

表4-14 过氧化氢含量原始数据记录表

内容	次数		
	1	2	3
称量瓶和试样(倾样前)质量(g)			
称量瓶和试样(倾样后)质量(g)			
m(试样)(g)			
消耗高锰酸钾标准溶液的体积 V(mL)			
空白消耗高锰酸钾标准溶液的体积 V_0(mL)			
高锰酸钾标准溶液的浓度 c(mol/L)			
试样中 H_2O_2 的含量(%)			
试样中 H_2O_2 的平均含量(%)			
相对平均偏差(%)			

第十六节　抗坏血酸(维生素C)含量的测定

维生素C,又称L-抗坏血酸,是高等灵长类动物与其他少数生物的必需营养素,是一种存在于食物中的营养补充品。人类缺乏维生素C会造成坏血病。维生素C的水溶液能使高锰酸钾溶液褪色,并且维生素C溶液越浓,水溶液用量就越少。根据这一特性,就能够用高锰酸钾测定蔬菜或水果中的维生素C含量。

一、实训目的

(1)掌握直接碘量法测定维生素C的基本原理、操作技术和计算。
(2)掌握直接碘量法滴定终点的判断。
(3)熟练滴定分析操作技术,提高平行测定的精密度。

二、实验原理

以煮沸过的冷蒸馏水溶解试样,用硫酸调节溶液酸度,用 I_2 标准滴定溶液直接滴定。以淀粉指示剂确定终点。反应式为

$$C_6H_8O_6 + I_2 \longrightarrow C_6H_6O_6 + 2HI$$

由测定反应式可知,维生素 C(Vc, $C_6H_8O_6$)和 I_2 的基本单元分别为 $1/2 C_6H_8O_6$ 和 $1/2 I_2$。

三、试剂

维生素C试样;硫酸溶液(20%);I_2 标准溶液,$(1/2 I_2) = 0.1$ mol/L;淀粉指示液(5 g/L)。

四、操作步骤

称取 0.3 g 样品,精确至 0.000 1 g,溶于 80 mL 水,加 2 mL 硫酸溶液(20%),摇匀,立即用碘标准滴定溶液 $\left[c(1/2 I_2) = 0.1 \text{ mol/L}\right]$ 滴定,近终点时,加 3 mL 淀粉指示液(10 g/L),继续滴定至溶液显蓝色,保持 30 s。平行测定三次。

五、结果计算

抗坏血酸的质量分数 w,数值以"%"表示,按下式计算:

$$w = \frac{V \times c \times M}{m \times 1\,000} \times 100$$

式中,V——碘标准滴定溶液的体积,mL。

c——碘标准滴定溶液 $[c(1/2I_2)]$ 的浓度,mol/L。

M——抗坏血酸的摩尔质量 $[M(1/2C_6H_8O_6)=88.06]$,g/mol。

m——样品的质量,g。

六、数据记录及处理

数据记录表,见表 4–15。

表 4–15 维生素 C 含量测定原始记录表

内容	次数		
	1	2	3
称量瓶和样品的质量(第一次读数)(g)			
称量瓶和样品的质量(第二次读数)(g)			
样品的质量 m(g)			
实际消耗碘标准溶液的体积 V(mL)			
碘标准溶液的浓度 c(mol/L)			
样品中抗坏血酸的含量 w(%)			
样品中抗坏血酸的平均含量 $\overline{w}$(%)			
测定结果相对平均偏差(%)			

第十七节　碘酸钾含量的测定

碘酸钾是一种含碘化合物,常添加在食盐中用于补碘。碘离子是合成甲状腺素重要的原料,如果缺乏碘,可能会影响骨骼生长,出现矮小的情况,即呆小病。

一、实训目的

(1)掌握测定碘酸钾的基本原理、操作技术和计算。
(2)掌握淀粉指示剂滴定终点的判断。
(3)熟练滴定分析操作技术,提高平行测定的精密度。

二、实验原理

碘酸钾与 KI 配制的溶液,在酸溶液中,它立即生成碘,其效果相当于碘+KI 溶液。用硫代硫酸钠标准溶液滴定。化学反应式为

$$KIO_3 + 6Na_2S_2O_3 + 6HCl = KI + 3Na_2S_4O_6 + 6NaCl + 3H_2O$$

三、试剂

碘酸钾试样,碘化钾、盐酸溶液(20%),硫代硫酸钠标准滴定溶液,淀粉指示液(5 g/L)。

四、操作步骤

称取1.2 g样品,精确至0.0001 g,溶于水,移入250 mL容量瓶中,加水稀释至刻度,摇匀。移取25.00 mL,注入500 mL碘量瓶中,加3 g碘化钾及5 mL盐酸溶液(20%),摇匀,于暗处放置5 min,加150 mL水(不超过10 ℃),用硫代硫酸钠标准滴定溶液[$c(Na_2S_2O_3) = 0.1$ mol/L]滴定,近终点时,加3 mL淀粉指示液(5 g/L),继续滴定至溶液蓝色消失。平行测定三次。同时做空白试验。

五、结果计算

碘酸钾的质量分数 w,数值以"%"表示,按下式计算:

$$w = \frac{(V_1 - V_2) \times c \times M}{m \times \dfrac{25}{250} \times 1\,000} \times 100$$

式中,V_1——硫代硫酸钠标准滴定溶液的体积,mL。

V_2——空白实验消耗硫代硫酸钠标准滴定溶液的体积,mL。

c——硫代硫酸钠标准滴定溶液的 $[c(Na_2S_2O_3)]$ 的浓度,mol/L。

M——碘酸钾的摩尔质量 $[M(1/6KIO_3) = 35.67]$,g/mol。

m——样品的质量,g。

六、数据记录及处理

数据记录表,见表4-16。

表4-16 碘酸钾含量测定原始记录表

内容	次数		
	1	2	3
称量瓶和样品的质量(第一次读数)(g)			
称量瓶和样品的质量(第二次读数)(g)			
样品的质量 m(g)			
实际消耗硫代硫酸钠标准溶液的体积 V_1(mL)			
空白消耗硫代硫酸钠标准溶液的体积 V_2(mL)			
硫代硫酸钠标准溶液的浓度 c(mol/L)			
样品中碘酸钾的含量 w(%)			
样品中碘酸钾的平均含量 $\bar{w}$(%)			
测定结果的相对平均偏差(%)			

第十八节　硝酸银标准滴定溶液的配制与标定

硝酸银为白色结晶性粉末,易溶于水。纯硝酸银对光稳定,但由于一般的产品纯度不够,其水溶液和固体常被保存在棕色试剂瓶中。无机工业,硝酸银用于制造其他银盐;电子工业,硝酸银用于制造导电黏合剂、新型气体净化剂、AgX 分子筛、镀银均压服和带电作业的手套等;感光工业,硝酸银用于制造电影胶片、X 光照相底片和照相胶片等的感光材料;电镀工业,硝酸银用于电子元件和其他工艺品的镀银,也大量用作镜子和保温瓶胆的镀银材料。硝酸银是检测醛、糖的试剂,分析化学用于沉淀检测氯离子等。分析化学中,以 K_2CrO_4 作指示剂,在中性或弱碱性溶液中,用 $AgNO_3$ 标准溶液直接滴定 Cl^-、Br^- 的方法称为莫尔法。

一、实训目的

(1)掌握 $AgNO_3$ 溶液的配制与贮存方法。

(2)掌握以 NaCl 基准物质标定 $AgNO_3$ 溶液的基本原理、操作技术和计算。

(3)学会以 K_2CrO_4 为指示剂判断滴定终点的方法。

二、实验原理

沉淀滴定法:以沉淀反应为基础的滴定分析方法。沉淀滴定法对沉淀反应的要求为:①沉淀物组成恒定,反应物之间有准确的计量关系;②沉淀反应速率快,沉淀物的溶解度小;③有适当的方法指示滴定终点;④沉淀的吸附现象不能影响终点的确定。

$AgNO_3$ 标准滴定溶液可以用经过预处理的基准试剂 $AgNO_3$ 直接配制。但非基准试剂 $AgNO_3$ 中常含有杂质,如金属银、氧化银、游离硝酸、亚硝酸盐等,因此用间接法配制。先配成近似浓度的溶液后,用基准物质 NaCl 标定。

以 NaCl 作为基准物质,溶样后,在中性或弱碱性溶液中,用 $AgNO_3$ 溶液滴定 Cl^-,以 K_2CrO_4 作为指示剂,反应式为

$$Ag^+ + Cl^- \rightarrow AgCl^+ (白色, K = 1.8 \times 10^{-10})$$

$$2Ag^+ + CrO_4^{2-} \rightarrow Ag_2CrO_4(砖红色, K_{sp} = 2.0 \times 10^{-12})$$

达到化学计量点时,微过量的 Ag^+ 与 CrO_4^{2-} 反应析出砖红色 Ag_2CrO_4 沉淀,指示滴定终点。由标定反应式可知,$AgNO_3$ 和 NaCl 的基本单元分别为 $AgNO_3$ 和 NaCl。

三、试剂

(1) 固体试剂 $AgNO_3$(分析纯)。

(2) 固体试剂 NaCl,基准物质,在 500~600 ℃ 灼烧至恒重。

(3) K_2CrO_4 指示液(50 g/L,即5%)配制:称取 5 g K_2CrO_4,溶于少量水中,滴加 $AgNO_3$ 溶液至红色不褪,混匀。放置过夜后过滤,将滤液稀释至 100 mL。

四、操作步骤

1. 配制 $c(AgNO_3)$ = 0.1 mol/L 溶液 500 mL

称取 8.5 g $AgNO_3$,溶于 500 mL 不含 Cl^- 的蒸馏水中,贮存于带玻璃塞的棕色试剂瓶中,摇匀,置于暗处,待标定。

2. $AgNO_3$ 溶液的标定

准确称取基准试剂 NaCl 0.12~0.15 g,放于锥形瓶中,加 50 mL 不含 Cl^- 的蒸馏水溶解,加 K_2CrO_4 指示液 1 mL,在充分摇动下,用配好的 $AgNO_3$ 溶液滴定至溶液呈微红色即为终点。记录消耗 $AgNO_3$ 标准滴定溶液的体积。平行测定 3 次,同时做空白试验。

五、结果计算

$$c(AgNO_3) = \frac{m \times \frac{25}{250} \times 1\,000}{(V_1 - V_2) \cdot M}$$

式中,m——氯化钠的质量的准确数值,g。

V_1——硝银溶液的体积的数值,mL。

V_2——空白试验硝酸银的体积的数值,mL。

M——氯化钠的摩尔质量的数值[M(NaCl) = 58.45],g/mol。

六、数据记录及处理

数据记录表,见表4-17。

表4-17 原始数据记录表

内容	次数		
	1	2	3
称量瓶和基准物的质量(第一次读数)(g)			
称量瓶和基准物的质量(第二次读数)(g)			
基准物的质量 m(g)			
消耗硝酸银标准溶液的体积 V_1(mL)			
空白消耗硝酸银标准溶液的体积 V_2(mL)			
硝酸银标准溶液的浓度 c(mol/L)			
硝酸银标准溶液浓度的平均值(mol/L)			
相对平均偏差(%)			

第十九节 工业氢氧化钠中氯化钠含量的测定

NaOH是化学实验室中一种常备的化学品,亦为常见的化工产品之一。NaOH是白色不透明的晶体,有块状、片状、粒状和棒状等。工业级氢氧化钠里含有部分氯化钠、硫酸钠、碳酸钠等。

一、实训目的

(1)掌握莫尔法测定工业氢氧化钠中氯化钠的基本原理、操作技术和计算。

(2)学会用K_2CrO_4指示液正确判断滴定终点。

二、实验原理

在中性或弱碱性溶液中,以K_2CrO_4为指示剂,用$AgNO_3$标准滴定溶液直接

滴定 Cl^-，其反应式为

$$Ag^+ + Cl^- \longrightarrow AgCl \downarrow$$

$$2Ag^+ + CrO_4^{2-} \longrightarrow Ag_2CrO_4 \downarrow$$

三、试剂

（1）$AgNO_3$ 标准滴定溶液，$c(AgNO_3) = 0.1$ mol/L [可用 $c(AgNO_3) = 0.1$ mol/L 的 $AgNO_3$ 标准溶液稀释]。

（2）K_2CrO_4 指示液，50 g/L。

（3）工业氢氧化钠试样。

四、操作步骤

迅速称取约 8.8 g 试样，精确至 0.000 1 g，定容于 250 mL 容量瓶中。移取上述溶液 25.00 mL 于 250 mL 锥形瓶中，加去离子水 50 mL，加 2~3 滴 1%酚酞指示剂，用硫酸溶液中和至无色，再加 1 mL 铬酸钾指示剂，在不断摇动下，用硝酸银标准溶液滴定至砖红色沉淀刚出现为终点，记录消耗的硝酸银标准溶液的体积 V。平行测定三次，同时做空白试验。

五、结果计算

氯化钠的质量分数 W，数值以"%"表示。

$$W(NaCl) = \frac{c \times (V - V_0) \times M \times 10^3}{m \times \dfrac{25.00}{250.0}} \times 100\%$$

式中，c——硝酸银标准溶液的浓度，mol/L。

V——样品消耗硝酸银标准溶液的体积，mL。

V_0——空白消耗硝酸银标准溶液的体积，mL。

M——氯化钠的摩尔质量[$M(NaCl) = 58.44$]，g/mol。

m——氯化钠样品的质量，g。

六、数据记录及处理

数据记录表,见表4-18。

表4-18　工业氢氧化钠中氯化钠含量测定的原始记录表

内容	次数		
	1	2	3
硝酸银标准溶液的浓度 c(mol/L)			
称量瓶和氯化钠样品的质量(g)(第一次读数)			
称量瓶和氯化钠样品的质量(g)(第二次读数)			
氯化钠样品的质量 m(g)			
测定消耗硝酸银标准溶液的体积 V(mL)			
测定空白消耗硝酸银标准溶液的体积 V_0(mL)			
氯化钠的含量 w(%)			
氯化钠的含量的平均值(%)			
相对平均偏差(%)			

第二十节　重量分析法概述

经典的定量分析法分为重量分析法和容量分析法两部分。其中,重量分析法的实验基础是分析天平。

公元前3000年,古埃及人已经掌握了一些称量技术。最早出现的分析用仪器天平当属等臂天平,它在公元前1300年的《莎草纸卷》上已有记载。巴比伦的祭祀所保管的石制标准砝码(约公元前2600年)尚存于世。

第一个使用分析天平的实验室出现在16世纪。1661年,Lavoisier发明了天平,建立了分析测量的基础,使分析化学开始赋予了科学的内涵,但那时天平的灵敏度很低。直到19世纪中叶,才由Fresenius把分析天平的灵敏度提高到

0.1 mg。

18世纪的西方,由于冶金、机械工业的巨大发展,要求提供数量更大、品种更多的矿石,分析化学的主要研究对象以矿物、岩石和金属为主,大大促进了分析化学的发展。18世纪70年代,著名的瑞典化学家和矿物学家贝格曼在《实用化学》一书中指出:"为了测定金属的含量,并不需要把这些金属转化为它们的单质,只要把它们以沉淀化学物的形式分离出来,如果我们事先测定沉淀组成,就可以进行换算了。"这被视作是重量分析的起源,因此贝格曼被公认为是无机定性分析、定量分析的奠基人,重量分析法使分析化学由定性检验迈入了较高级的定量分析时代。

一、重量分析法的分类

重量分析法是采用适当的方法先将试样中的待测组分分离出,然后通过称量测定该物质含量的方法。按照分离方式的不同,可将重量分析法分为沉淀重量法、挥发重量法、电解重量法和提取重量法。

1. 沉淀重量法

沉淀重量法是最常用的重量分析法,该方法是利用沉淀反应,使被测组分生成难溶化合物的沉淀析出,再将沉淀过滤、洗涤、烘干或灼烧使之转化为具有一定化学组成的化合物,然后称其重量计算被测组分含量。例如,测定试样中 SO_4^{2-} 的含量时,在试液中加入过量的 $BaCl_2$ 溶液,使 SO_4^{2-} 完全生成难溶的 $BaSO_4$ 沉淀,经过滤、洗涤、烘干、灼烧后,称量 $BaSO_4$ 的质量,再计算试样中 SO_4^{2-} 的含量。

2. 挥发重量法

挥发重量法是利用物质的挥发性进行质量分析的方法,可以通过加热或其他方法使试样中的待测组分挥发逸出,然后根据质量的减少来计算该组分的方法,或利用吸收剂吸收逸出组分,根据吸收剂质量的增加计算该组分的含量。例如,测定氯化钡晶体($BaCl_2 \cdot 2H_2O$)中结晶水的含量,将氯化钡晶体试样加热使其失去结晶水,再根据加热前后质量的变化计算出水分的含量。

3. 电解重量法

电解重量法是指利用电解原理,使金属离子在电极上析出,然后根据电极质量的增加,计算金属离子的含量,精确到可达千分之一,常用于金属纯度的鉴定、仲裁分析等。例如,电解法测定铜合金中铜的含量。

4. 提取重量法

提取重量法是利用被测组分在两种互不相容的溶剂中的分配比不同进行测定的方法。例如,粗脂肪的定量测定中,常用乙醚作提取剂,然后蒸发分离除去乙醚,干燥后称重,即可得到样品中的脂肪含量。

二、重量分析法的特点

重量分析法作为最经典的化学分析法之一,该方法具有如下特点。

(1)由于重量分析法是通过直接称量试样及相关物质的质量来求得分析结果,无须采用基准物质和容量分析仪器,因此,引入误差机会少,准确度高。

(2)对于常量组分分析,相对误差为 0.1%～0.2%,所以称量分析法常用于仲裁分析或校准其他方法的准确度。

(3)称量分析操作比较烦琐,耗时较长,满足不了快速分析的要求,不适于生产中的控制分析。

(4)对于低含量组分的测定,误差较大,不适用于微量和痕量组分分析。

第二十一节　沉淀重量法

沉淀重量法是重量分析法中应用最广、最为重要的一种方法。

利用沉淀重量法进行分析时,首先要将试样溶解为溶液,然后选择合适的沉淀剂,使其与被测组分发生反应形成"沉淀形式",经过过滤、洗涤、烘干或灼烧,转化为"称量形式",再进行称量。如图 4-1 所示。

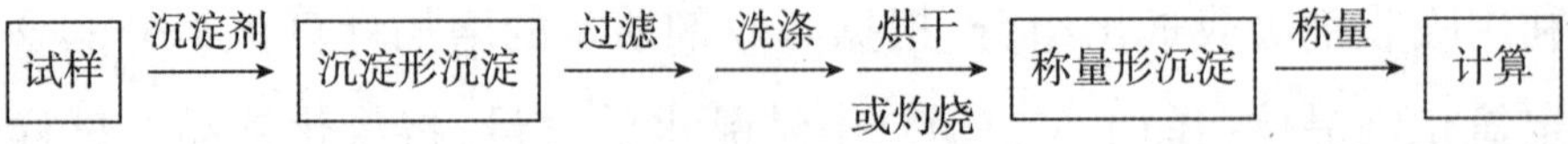

试样 →(沉淀剂)→ 沉淀形沉淀 →(过滤)→(洗涤)→(烘干或灼烧)→ 称量形沉淀 →(称量)→ 计算

图 4-1　沉淀重量法的原理

重量分析法具有操作烦琐、耗时长,但误差小、准确度高的特点,对于沉淀重量法而言,同样具有这些特点。为了确保沉淀重量法的准确度,沉淀重量法在设计一系列烦琐的实验操作过程中,应如何选择沉淀形式和称重形式?即该方法对沉淀形式和称重形式有何要求呢?

一、沉淀形式和称重形式的要求

由于沉淀在烘干或灼烧过程中可能发生化学变化,沉淀形式和称量形式可能相同,也可能不同。例如,测定 Cl^- 时,加入沉淀剂 $AgNO_3$ 以得到 $AgCl$ 沉淀,经过滤、洗涤、烘干和灼烧后,得称量形式 $AgCl$,此时沉淀形式和称量形式相同。但测定 Fe^{3+} 时,沉淀形式 $Fe(OH)_3$ 经灼烧后得到的称量形式为 Fe_2O_3,则沉淀形式与称量形式不同。

$$Cl^- \rightarrow \underset{\text{沉淀形式}}{AgCl} \rightarrow \underset{\text{称量形式}}{AgCl}$$
$$\underset{\text{被测组分}}{Fe^{3+}} \rightarrow \underset{\text{沉淀形式}}{Fe(OH)_3} \rightarrow \underset{\text{称量形式}}{Fe_2O_3}$$

为了获得准确的称量结果,沉淀形式和称量形式必须满足以下要求。

1. 对沉淀形式的要求

(1)沉淀要完全,沉淀的溶解度要小,沉淀的溶解损失不超过分析天平的称量误差。一般要求溶解损失应小于 0.1 mg。

(2)沉淀必须纯净,并易于过滤和洗涤。沉淀纯净是获取准确分析结果的重要因素之一,要求沉淀易于过滤和洗涤不仅是便于操作,更是保证沉淀纯度的重要方面。

(3)沉淀形式易于转化为称量形式。

2. 对称量形式的要求

(1)称量形式的组成必须与化学式相符,这是定量计算的基本依据,是对称量形式最重要的要求。

(2)称量形式要有足够的稳定性,不受空气中的二氧化碳、氧气的影响而发生变化。

(3)称量形式的摩尔质量尽可能大,以减小称量误差。称量形式的摩尔质量越大,由同质量的待测组分所得到的称量形式质量越大,而被测组分所占的比例越小,这样可以减小称量的相对误差,提高分析结果的准确度。

例如,使用沉淀重量法测定铝盐的含量时,称量形式可以是 Al_2O_3($M =$

101.96)或8-羟基喹啉铝($M=459.44$),在操作过程中损失 1 mg 的沉淀,铝的损失量各是多少?

以 Al_2O_3 为称量形式时:$Al_2O_3:2Al=1:x$,$x=0.5$ mg;以 8-羟基喹啉铝为称量形式是:$Al(C_9H_6NO)_3:Al=1:x'$,$x'=0.06$ mg。

由此可见,选择适当的沉淀剂以得到有较大摩尔质量的称量形式,可以有效地减小测定误差。

二、沉淀溶解度的影响因素

对于沉淀重量法而言,沉淀的溶解损失是误差的主要来源之一,沉淀越完全,误差越小,即溶解度越小越好。

到底哪些因素会影响沉淀溶解度?这些因素又是如何影响沉淀溶解度的呢?

对于沉淀重量法而言,沉淀的溶解损失是误差的主要来源之一,沉淀越完全,误差越小,但绝对沉淀的物质是不存在的。所以在重量分析法中,要求沉淀的溶解损失不超过称量误差 0.2 mg,即可认为沉淀完全,而一般沉淀却很少能达到这一要求。因此,如何减少沉淀的溶解损失,以保证重量分析结果的准确度是重量分析的一个重要问题。为此,需要对影响沉淀溶解度的主要因素进行详细的讨论。

1. 同离子效应

组成沉淀晶体的离子称为构晶离子。为减少溶解损失,当沉淀反应达到平衡后,加入适当过量的沉淀剂,以增大构晶离子的浓度,从而减小沉淀的溶解度,这种现象称为同离子效应。利用同离子效应可大大降低沉淀的溶解度,这是沉淀重量法中保证沉淀完全的主要措施。

2. 盐效应

当加入过量太多的沉淀剂时,除了同离子效应外,还会产生不利于沉淀完全的其他效应,盐效应就是其中之一。

产生盐效应的原因是:当强电解质的浓度增大时,则离子强度增大,由于离子强度增大,而使活度系数减小。在一定温度下,溶度积 K_{sp} 是一个常数,当活度系数增大,即沉淀的溶解度增大。显然,造成沉淀溶解度增大的基本原因是强电解质盐类的存在。

3. 酸效应

溶液的酸度给沉淀溶解度带来的影响,称为酸效应。

(1)当酸度增大时,组成沉淀的阴离子与 H^+ 结合,降低了阴离子的浓度,使沉淀的溶解度增大。

(2)当酸度降低时,则组成沉淀的金属离子可能发生水解,形成带电荷的氢氧络合物[如 $Fe(OH)^+$、$Al(OH)^+$]降低了阳离子的浓度而增大沉淀的溶解度。

4. 配位效应

进行沉淀反应时,若溶液中存在配位剂与构晶离子形成可溶性配位物的配位剂,则有沉淀的溶解度增大的现象。配位剂主要来自两个方面:一是沉淀剂本身就是配位剂;二是加入的其他试剂。

5. 其他影响因素

(1)温度的影响。

溶解反应一般是吸热反应,因此沉淀的溶解度一般是随着温度的升高而增大的。所以对于溶解度不很小的晶形沉淀,如 $MgNH_4PO_4$ 应在室温下进行过滤和洗涤。如果沉淀的溶解度很小[如 $Fe(OH)_3$、$Al(OH)_3$ 和其他氢氧化物],或者受温度的影响很小,为了过滤快些,也可以趁热过滤和洗涤。

(2)溶剂的影响。

无机物沉淀多为离子型晶体,所以在极性较强的水中的溶解度较大,而在有机溶剂中的溶解度小;有机物沉淀则相反。在进行沉淀反应时,可向水中加入与水混溶的有机溶剂(如乙醇、丙酮等),可显著降低沉淀的溶解度。

(3)沉淀颗粒大小的影响。

同一种沉淀,其颗粒越小,则溶解度越大,溶解损失越大。在进行沉淀时,总是希望得到粗大的颗粒沉淀,这样不仅溶解度小,还可以减少溶解损失,可以将沉淀与母液一起放置,使小晶体转变成粗大晶体。

三、沉淀的形成及条件

沉淀是如何形成的?对于不同类型的沉淀,该如何控制沉淀形成的条件,以得到沉淀完全的沉淀形式呢?

在重量分析法中希望获得粗大的晶型沉淀,而生成何种类型的沉淀取决于沉淀物质的本身性质、沉淀进行的条件及沉淀的后处理。因此,必须了解沉淀形成的过程和沉淀条件对颗粒大小的影响,以便控制适宜的条件得到符合重量分析法要求的沉淀。

1. 沉淀的类型

根据沉淀的物理性质不同,可将沉淀分为晶形沉淀、无定形沉淀(非晶形沉淀)和凝乳状沉淀三种,其主要区别在于沉淀颗粒的大小。

(1)晶形沉淀。

直径 0.1~1 μm 的颗粒为晶形沉淀。沉淀内部离子按晶体结构有规则地排列,结构紧密,容易沉降于容器底部,如 $BaSO_4$、$MgNH_4PO_4$。

(2)无定形沉淀(非晶形沉淀)。

直径在 0.02 μm 以下的为无定形沉淀,也叫非晶形沉淀。沉淀内部离子排列杂乱无章,结构疏松,难以沉降,如 $Fe(OH)_3$、$Al(OH)_3$。

晶形沉淀和非晶形沉淀的内部结构,如图 4-2 所示。

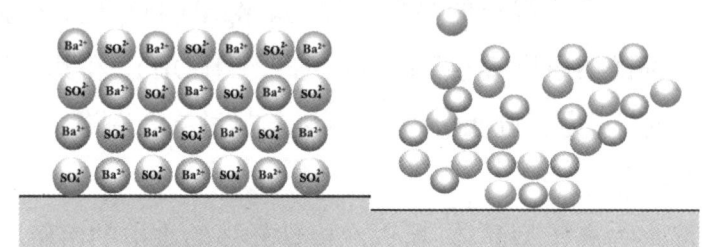

(a)晶形沉淀　　　(b)非晶形沉淀

图 4-2　晶形和非晶形沉淀的内部结构

(3)凝乳状沉淀。

直径 0.02~0.1 μm 的为凝乳状沉淀。其性质也介于晶形沉淀和非晶形沉淀之间,如 AgCl。

2. 沉淀的形成

沉淀的形成过程包括晶核的形成和晶体的成长两个过程,如图 4-3 所示。对于晶核的形成机制,目前尚无成熟的理论。晶核形成之后,溶液中的构晶离子继续在向晶核表面扩散,并且进入晶格,逐渐形成晶体即沉淀微粒。

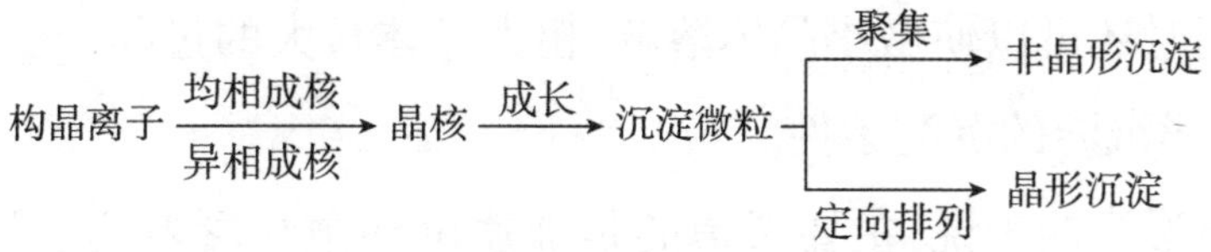

构晶离子 $\xrightarrow[\text{异相成核}]{\text{均相成核}}$ 晶核 $\xrightarrow{\text{成长}}$ 沉淀微粒 $\xrightarrow[\text{定向排列}]{\text{聚集}}$ 非晶形沉淀 / 晶形沉淀

图4-3　晶形和非晶形沉淀的形成

3. 沉淀条件的选择

为了获得纯净、易于过滤和洗涤的沉淀,对于不同类型的沉淀,应采用不同类型的沉淀条件。

(1) 晶形沉淀的沉淀条件。

对于晶形沉淀来说,主要考虑的是如何获得较大的沉淀颗粒,以便使沉淀纯净并易于过滤和洗涤。但是,晶形沉淀的溶解度一般都比较大,因此还应注意沉淀的溶解损失。

晶型沉淀的沉淀条件可以归纳如下。

①稀溶液。

沉淀作用应在适当的稀溶液中进行,即加入沉淀剂的稀溶液。这样在沉淀作用开始时,溶液的过饱和程度不致太大,但又能保持一定的过饱和程度,晶核生成不太多且又有机会长大。但是溶液如果过稀,则沉淀溶解较多,也会造成溶解损失。

②热溶液。

沉淀作用应该在热溶液中进行,使沉淀的溶解度略有增加,这样可以降低溶液的相对饱和度,以利于生成少而大的结晶颗粒。同时,还可以减少杂质的吸附作用。为了防止沉淀在热溶液中的溶解损失,应当在沉淀作用完毕后,将溶液放冷,然后进行过滤。

③缓慢加入沉淀剂。

缓慢加入沉淀剂,尽量避免局部浓度过大,超过临界过饱和比。

④不断搅拌。

在不断搅拌下,逐滴地加入沉淀剂。这样可以防止溶液中局部沉淀剂过浓的现象,避免生成大量的晶核。

⑤陈化。

陈化是指沉淀作用完毕后,让沉淀和溶液在一起放置一段时间,使沉淀晶形完整、纯净,同时还可以使微小晶体溶解、粗大晶体长大的过程。

(2)无定形沉淀的沉淀条件。

对于无定形沉淀来说,主要考虑的是加速沉淀微粒凝聚,获得紧密沉淀,减少杂质吸附和防止形成胶体溶液。至于沉淀的溶解损失,可以忽略不计。

无定形沉淀的沉淀条件可以归纳如下。

①浓溶液。

沉淀作用应在比较浓的溶液中进行,加入沉淀剂的速度也可以适当加快。因为溶液浓度大,离子的水合程度较小,得到的沉淀比较紧密。但也要考虑到此时吸附杂质多,所以在沉淀作用完毕后,立刻加入大量的热水冲洗并搅拌,使被吸附的一部分杂质转入溶液。

②热溶液。

沉淀作用应在热溶液中进行,这样可以防止胶体的生产,较少杂质吸附,从而使生产的沉淀更加紧密。

③适当加入电解质。

溶液中加入适当的电解质,以防止胶体的生成。但加入的电解质应是可挥发的盐类,如铵盐等。

④不必陈化。

沉淀作用完毕后,静置数分钟,让沉淀下沉后立即过滤。这样由于无定形沉淀一经放置,将会失去水分而聚集得十分紧密,不易洗涤出去所吸附的杂质。

⑤再沉淀。

无定形沉淀一般含杂质的量较多,如果准确度要求较高时,应当进行再沉淀。

4. 提高沉淀纯度的措施

为了得到纯净的沉淀,除了关注沉淀的条件外,还需要采取适当措施提高沉淀纯度。

(1)选择适当的分析程序。

在分析试液中,被测组分含量较少,而杂质含量较多时,则应使少量被测组分先沉淀下来。如果先分离杂质,则由于大量沉淀的生成会使少量被测组分随之共沉淀,从而导致分析结果不准确。

(2)降低易被吸附的杂质离子浓度。

在进行沉淀反应时,某些可溶性杂质混杂于沉淀之中与其一起沉淀下来的现象,叫作共沉淀。产生共沉淀现象其中一个重要原因,是沉淀晶体表面上离子电荷的不完全等衡,导致在沉淀表面上吸附了杂质,即表面吸附。

由于吸附作用具有选择性,所以在实际分析工作中,应尽量不使易被吸附的杂质离子存在或设法降低其浓度以减少吸附共沉淀。例如,沉淀 $BaSO_4$ 时,如溶液中含有易被吸附的 Fe^{3+} 时,可将 Fe^{3+} 预先还原成不易被吸附的 Fe^{2+},或加酒石酸(或柠檬酸)使之生成稳定的络合物,以减少共沉淀。

(3)选择适当的洗涤剂进行洗涤。

由于吸附作用是一种可逆过程,因此洗涤可使沉淀上吸附的杂质进入洗涤液,从而达到提高沉淀纯度的目的。当然,所选择的洗涤剂必须是在灼烧或烘干时容易挥发的物质。

(4)及时进行过滤分离,以减少后沉淀。

当沉淀析出之后,在放置的过程中,溶液中的杂质离子慢慢沉淀到原沉淀上的现象,称为后沉淀现象。例如,在含有 Cu^{2+}、Zn^{2+} 等离子的酸性溶液中,通入 H_2S 时最初得到的 CuS 沉淀中并不夹杂 ZnS。但是如果沉淀与溶液长时间地接触,则由于 CuS 沉淀表面上从溶液中吸附了 S^{2-},而使沉淀表面上 S^{2-} 浓度大大增加,致使 S^{2-} 浓度与 Zn^{2+} 浓度的乘积大于 Zn^{2+} 的溶度积常数,于是在 CuS 沉淀的表面上,就析出 ZnS 沉淀。

因此,过滤洗涤过程中必须连续进行,一次完成,不能将沉淀放置太久,以减少后沉淀的产生。

(5)进行再沉淀。

将沉淀过滤洗涤之后,再重新溶解,使沉淀中残留的杂质进入溶液,然后第二次进行沉淀,这样的操作叫作再沉淀。再沉淀对于除去吸留的杂质特别有效。

(6)选择适当的沉淀条件。

沉淀的吸附作用与沉淀颗粒的大小、沉淀的类型、温度和陈化过程等都有关系。因此,要获得纯净的沉淀,则应根据沉淀的具体情况,选择适宜的沉淀条件。

对于晶体沉淀,应选择在稀释的、热的溶液中,在不断搅拌的条件下,缓慢加入沉淀剂;而对于无定形沉淀,则选择在热的浓溶液中进行,不必陈化,可加入适当的电解质,必要时进行再沉淀。

四、称量形式的获得

经过沉淀反应后,被测组分转化为沉淀形式,为了得到最后称量形式,需要继续过滤、洗涤、烘干或灼烧等系列操作。

1. 沉淀的过滤和洗涤

在重量分析法中常遇到沉淀与母液分离问题,此时通常采用过滤技术。对于需要灼烧的沉淀,常用定量滤纸常压过滤。常压过滤所用的滤纸分为快速、中速、慢速三种。对于过滤后需要烘干即可称量的,则采用微孔玻璃坩埚减压过滤法。

沉淀的洗涤是为了洗去沉淀表面吸附的杂质和混杂在沉淀中的母液。洗涤时要尽量减少沉淀的溶解损失和避免形成胶体,因此需要选择合适的洗涤液。洗涤液的选择原则:对于溶解度很小且不易形成胶体的沉淀,可用蒸馏水洗涤;对于溶解度较大的晶形沉淀,利用同离子效应,可用沉淀剂的稀溶液洗涤,以降低沉淀的溶解度,但沉淀剂必须能在烘干或灼烧过程中易挥发或易分解除去。同时,还可以控制洗涤温度,如用热洗涤液洗涤,过滤过程加快,且能防止形成胶体,但溶解度随温度升高而增大较快的沉淀不能用热洗涤液洗涤。

例如,测 Ba^{2+} 时,称量形式为 $BaSO_4$ 沉淀,可利用同离子效应选用稀 H_2SO_4 洗涤液洗涤,降低 $BaSO_4$ 沉淀的溶解度;测 SO_4^{2-} 时,称量形式也为 $BaSO_4$ 沉淀,$BaSO_4$ 的溶解度随温度的变化不大,因此可以用温水进行洗涤。

洗涤必须连续进行,一次完成,不能将沉淀放置太久,尤其是一些非晶体沉淀,放置凝聚后,不易洗净。

洗涤沉淀时,既要将沉淀洗净,又不能增加沉淀的溶解损失。同体积的洗涤液,宜采用"少量多次""尽量沥干"的洗涤原则,用适当少的洗涤液分多次洗涤,每次加洗涤液前,使前次洗涤液流尽,这样可以提高洗涤效果。

2. 沉淀的烘干或灼烧

沉淀的烘干或灼烧是为了除去沉淀中的水分和可挥发物质,使沉淀形式转化为组成固定的称量形式。一般烘干是在 110~120 ℃ 条件下烘 1h 左右,直至恒重。灼烧可以使沉淀形式在高温下分解成组成固定的称量形式,灼烧温度一般在 800 ℃ 以上,常用瓷坩埚盛装沉淀。

第二十二节　重量分析结果计算

被测样品经过一系列的沉淀、过滤、洗涤、烘干或灼烧等操作,由被测组分形式转化为沉淀形式,最后变为称量形式,如图 4-4 所示。根据称量形式的结果如何推算出被测组分含量呢?

试样 →(沉淀剂)→ 沉淀形沉淀 →(过滤)→(洗涤)→(烘干或灼烧)→ 称量形式 →(称量)→ 计算

图 4-4　被测样品的流程图

重量分析法中,当称量形式与被测组分的形式一致时,结果的计算相对较为简单,被测组分含量可以通过下式进行计算:

$$被测组分 = \frac{称量形式的质量}{试样的质量} \times 100\%$$

但多数情况下,称量形式和被测组分形式是不一致的,需要经过一定的换算得到被测组分的质量。换算过程中涉及参数——换算因数,也叫化学因素,常用 F 来表示。换算因数是待测组分的摩尔质量与称量形式的摩尔质量之比,它是一个常数,与试样质量无关。

$$换算因数\ F = \frac{a \times 被测组分的摩尔质量}{b \times 称量形式的摩尔质量}$$

式中,a——被测原子/分子在称量形式化学式中的数目。

b——被测原子/分子在被测组分形式化学式中的数目。

需要特别注意的是,在求换算因数时,一定要注意被测组分形式和称量形式中原子或分子数目,确定在待测组分的摩尔质量和称量形式的摩尔质量之前是否需要乘以适当系数。

因此,当称量形式与被测组分形式不一致时,被测组分含量可以通过下式进

行计算:

$$被测分组 = \frac{称量形式的质量 \times F}{试样的质量} \times 100\%$$

几种常见物质的换算因数,见表 4-19。

表 4-19 几种常见物质的换算因数

被测组分	沉淀形式	称量形式	换算因数
Fe	$Fe_2O_3 \cdot nH_2O$	Fe_2O_3	$2M(Fe)/M(Fe_2O_3) = 0.699\ 4$
Fe_3O_4	$Fe_2O_3 \cdot nH_2O$	Fe_2O_3	$2M(Fe_3O_4)/3M(Fe_2O_3) = 0.966\ 6$
P	$MgNH_4PO_4 \cdot 6H_2O$	MgP_2O_7	$2M(P)/M(MgP_2O_7) = 0.278\ 3$
P_2O_5	$MgNH_4PO_4 \cdot 6H_2O$	MgP_2O_7	$M(P_2O_5)/M(MgP_2O_7) = 0.637\ 7$
S	$BaSO_4$	$BaSO_4$	$M(S)/M(BaSO_4) = 0.137\ 4$

【例1】称取镍合金试样 0.150 8 g,试样经溶解后,用酒石酸掩蔽铁对镍的干扰,然后在氨性溶液中加入丁二酮肟(DMG),发生如下反应:

$$Ni^{2+} + 2HDMG \longrightarrow Ni(DMG)_2 \downarrow + 2H^+$$

沉淀经过滤洗涤后在 110~130 ℃干燥至恒重,称得重量为 0.221 6 g,求合金中镍的含量。

解:已知 $M(Ni) = 58.69$ g/mol,$M(Ni(DMG)_2) = 288.91$ g/mol。

所以,

$$换算因数\ F = \frac{58.69}{288.91} = 0.203\ 1$$

$$w_{Ni} = \frac{0.203\ 1 \times 0.221\ 6}{0.150\ 8} \times 100\% = 29.84\%$$

【例2】铵离子可用 H_2PtCl_6 沉淀为 $(NH_4)_2PtCl_6$,再灼烧为金属 Pt 后称量,反应式如下:

$$(NH_4)_2PtCl_6 \longrightarrow Pt + 2NH_4Cl + 2Cl_2 \uparrow$$

若分析得到 0.103 2 g Pt,求试样中含 NH_3 的质量(g)。

解:已知 $M(NH_3) = 17.03$ g/mol,$M(Pt) = 195.1$ g/mol。

按题意:$(NH_4)_2PtCl_6 \longrightarrow Pt \longrightarrow 2NH_3$。

因此,

$$m(\text{NH}_3) = m(\text{Pt}) \times \frac{2M(\text{NH}_3)}{M(\text{Pt})}$$

$$= 0.103\,2 \times \frac{2 \times 17.03}{195.1}\text{ g}$$

$$= 0.018\,0\,2\text{ g}$$

答：该试样中含 NH_3 的质量为 0.018 0 2 g。

第二十三节　氯化钡中结晶水含量的测定

在高中化学课本中，提过一种呈蓝色晶体的化合物——硫酸铜，也叫蓝矾或胆矾，在加热条件下，蓝色的硫酸铜晶体会变成白色粉末。这是因为硫酸铜晶体中含有一定数量的结晶水，失水之后，晶体结构会发生变化，其物理性质也同时会发生较大的变化。硫酸铜晶体的化学式为 $CuSO_4 \cdot 5H_2O$，水分子前面的数字是固定的"5"，这说明"水"与"$CuSO_4$"之间有固定的比例，这就是结晶水最重要的性质。

许多晶体中都含有结晶水，除硫酸铜晶体外，石膏（$CaSO_4 \cdot 2H_2O$）、苏打（$Na_2CO_3 \cdot 10H_2O$）、芒硝（$Na_2SO_4 \cdot 10H_2O$）中都含有结晶水。结晶水是结合在化合物中的水分子，在晶格中占有确定的位置，并不是液态水。晶体中的结晶水是以确定的量存在的，因此研究晶体结构前必须了解晶体中的结晶水含量。

一、实训目的

(1) 掌握挥发重量法测定水分的原理和方法。
(2) 理解恒重的意义。
(3) 进一步巩固分析天平的使用。
(4) 学会干燥器、烘箱的使用方法。

二、实验原理

$BaCl_2 \cdot 2H_2O$ 中结晶水的蒸气压，20 ℃时为 0.17 kPa，35 ℃时为 1.57 kPa。所以氯化钡除了在特别干燥的气候中例外，一般情况下，含 2 分子结晶水是稳定的。

$BaCl_2 \cdot 2H_2O$ 于 113 ℃ 失去结晶水，无水氯化钡不挥发，也不易变质，故干燥温度可高于 113 ℃。

三、仪器及试剂

氯化钡($BaCl_2 \cdot 2H_2O$)晶体、称量瓶 3 个、干燥器 1 个、烘箱 1 台(套)、分析天平 1 台(套)。

四、操作步骤

1. 称量瓶恒重

取直径约为 3 cm 的扁平型称量瓶 3 只，洗净，置于 115 ℃烘箱中干燥 1.5~2 h，将称量瓶及盖子一起转移至干燥器中冷却至室温后，称重。重复上述烘干、冷却、称重，直至恒重。

2. 称取氯化钡($BaCl_2 \cdot 2H_2O$)试样

将氯化钡试样放置于研钵中磨成粗粉，分别精密称取 3 份试样，每份约 1 g，置已恒重的称量瓶中，使样品平铺于瓶底，称量瓶盖斜放于瓶口。

3. 烘干氯化钡($BaCl_2 \cdot 2H_2O$)试样

将装有氯化钡试样的称量瓶于 115 ℃烘箱中干燥 1.5 h，转移至干燥器中，盖好称量瓶盖，放置 30 min，冷至室温，称其重量。重复上述烘干、冷却、称重，直至恒重。

五、结果计算

结晶水含量：$\omega_{结晶水} = \dfrac{m_2 - m_3}{m_2 - m_1} \times 100\%$

结晶水个数：$n_{H_2O} = \dfrac{m_2 - m_3}{M_{H_2O}} \times \dfrac{M_{BaCl_2}}{m_3 - m_1}$

式中，m_1——称量瓶的质量，g。

m_2——烘干前氯化钡与称量瓶的质量，g。

m_3——烘干后氯化钡与称量瓶的质量，g。

M_{H_2O}——水的摩尔质量，18.02 g/mol。

M_{BaCl_2}——氯化钡的摩尔质量，208.2 g/mol。

六、数据记录及处理

数据记录表，见表 4-20。

表 4-20　原始数据记录表

内容	次数		
	1	2	3
恒重称量瓶的质量 m_1			
烘干前氯化钡与称量瓶的质量 m_2			
烘干后氯化钡与称量瓶的质量 m_3			
结晶水含量 $\omega_{结晶水}$(%)			
结晶水平均含量(%)			
结晶水的个数 n			
结晶水的平均个数			

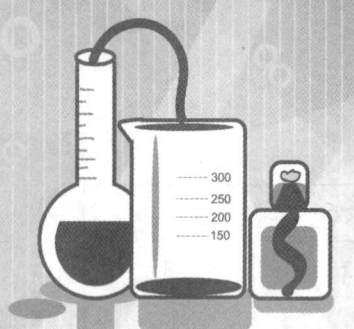

第五章 综合技能,追求卓越

第一节 工业用水分析

水质分析项目繁多,主要分为4大类:物理性质、金属化合物、非金属化合物和有机化合物,这里主要对工业用水中的金属化合物、非金属化合物和有机化合物进行分析。

一、分析项目

1. 总硬度的测定

Ca^{2+}、Mg^{2+}是决定水总硬度的主要离子。用EDTA标准溶液滴定工业用水,测定其中Ca^{2+}、Mg^{2+}的总浓度,即可得到以$CaCO_3$为指标测定的水的总硬度。

本实验采用配位滴定法,滴定剂是EDTA标准溶液,指示剂为铬黑T(EBT)指示剂。在pH=10的氨性缓冲溶液中,通过加入三乙醇胺(掩蔽Fe^{3+}、Al^{3+}等)、Na_2S(掩蔽Cu^{2+}、Zn^{2+}、Pb^{2+}等),确保只有Ca^{2+}、Mg^{2+}被滴定。如果水样中Mg^{2+}的浓度小于Ca^{2+}浓度的1/20,则需加入5 mL Mg^{2+}-EDTA溶液。滴定时,为提高终点的敏锐性,通常在EDTA溶液中加入适量Mg^{2+},因为Mg-EBT的稳定性大于Ca-EBT。滴定过程中,Ca^{2+}把Mg-EDTA中的Mg^{2+}置换出来;终点时,EDTA把Mg-EBT中的Mg^{2+}夺出,溶液由紫红色变成蓝绿色。

2. 溶解氧的测定

水样中加入硫酸锰和碱性碘化钾,水中溶解氧将低价锰氧化成高价锰,生成四价锰的氢氧化物棕色沉淀。加酸后,氢氧化物沉淀溶解形成可溶性四价锰 $Mn(SO_4)_2$,$Mn(SO_4)_2$ 与碘离子反应释出与溶解氧量相当的游离碘,以淀粉作指示剂,用硫代硫酸钠滴定。

3. 重铬酸盐法测定水的化学需氧量

在水样中加入已知量的重铬酸钾溶液,并在强酸介质下以银盐作催化剂,经沸腾回流后,以试亚铁灵为指示剂,用硫酸亚铁铵滴定水样中未被还原的重铬酸钾由消耗的硫酸亚铁铵的量换算成消耗氧的质量浓度。在酸性重铬酸钾条件下,芳烃及吡啶难以被氧化,其氧化率较低。在硫酸银催化作用下,直链脂肪族化合物可有效地被氧化。

二、仪器与试剂

1. 仪器

电子天平、烘箱、称量瓶、铁架台、250 mL 锥形瓶、50 mL 移液管、50 mL 滴定管、200 mL 烧杯、回流装置(带有 24 号标准磨口的 250 mL 锥形瓶的全玻璃回流装置,回流冷凝管长度为 300~500 mm;若取样量在 30 mL 以上,可采用带 500 mL 锥形瓶的全玻璃回流装置)、加热装置。

2. 试剂

EDTA(0.01 mo/L)、基准试剂:$CaCO_3$ 120 ℃ 干燥 2 h 或金属锌(99.99%),取适量锌片或锌粒置于小烧杯中,用 0.1 mol/L HCl 清洗 1 min,以除去表面的氧化物,再用自来水和蒸馏水洗净,将水沥干,放入干燥箱中 100 ℃ 烘干(不要过分烘烤),冷却。

氨性缓冲溶液(pH=10):称取 20 g NH_4Cl 固体溶解于水中,加 100 mL 浓氨水,用水稀释至 1 L。

硫酸锰溶液:称取 36 g 硫酸锰溶于水中,稀释至 100 mL。此溶液加至酸化过的碘化钾溶液中,遇淀粉不得产生蓝色。

碱性碘化钾溶液:称取 500 g NaOH 溶于 300~400 mL 去离子水中,另称取 150 g KI(或 135 g NaI)溶于 200 mL 中,待 NaOH 溶液冷却后,将两溶液合并混匀,用水稀释至 1 000 mL。如有沉淀,静置 24 h,倒出上层澄清液,贮于棕色瓶中。用橡皮塞塞紧,避光保存。此溶液酸化后,遇淀粉不得产生蓝色。

1%淀粉溶液:称取 1 g 可溶性淀粉,用少量水调成糊状,用刚煮沸的水冲稀至 100 mL。冷却后,加入 0.1 g 水杨酸或 0.4 g $ZnCl_2$ 防腐。

重铬酸钾标准溶液:称取于 105~110 ℃烘干 2 h 并冷却的 1.226 g,溶于水中,转移至 1 000 mL 容量瓶中,用水稀释至刻线,摇匀。

硫代硫酸钠溶液:称取 6.2 g 硫代硫酸钠,溶于 1 000 mL 煮沸放凉的水中,加入 0.2 g 碳酸钠,贮于棕色瓶中,在暗处放置 7~14 天后标定。标定:于 250 mL 碘量瓶中,加入 100 mL 水和 1 g KI,用移液管吸取 10.00 mL 的 0.025 mol/L 标准溶液、5 mL(1+5)溶液密塞,摇匀。置于暗处 5 min,取出后用待标定的硫代硫酸钠溶液滴定至由棕色变为淡黄色时,加入 1 mL 淀粉溶液,继续滴定至蓝色刚好退去为止,记录用量。计算硫代硫酸钠的浓度。

重铬酸钾标准溶液:将 12.258 g 在 105 ℃干燥 2 h 后的重铬酸钾溶于水中,稀释至 1 000 mL。

硫酸亚铁铵标准滴定溶液:溶解 39 g 硫酸亚铁铵[$(NH_4)_2Fe(SO_4)_2 \cdot 6H_2O$]于水中,加入 20 mL 硫酸,待其溶液冷却后稀释至 1 000 mL。取 10.00 mL 重铬酸钾标准溶液置于锥形瓶中,用水稀释至约 100 mL,加入 30 mL 硫酸,混匀,冷却后,加 3 滴(约 0.15 mL)试亚铁灵指示剂,用硫酸亚铁铵滴定溶液的颜色由黄色经蓝绿色变为红褐色,即为终点。记录下硫酸亚铁铵的消耗量(mL)。

三、实验内容

1. 工业用水硬度的测定

移取工业冷却循环水样 50.00 mL,加 5 mol/L NaOH 溶液 5 mL,加水 25 mL,钙指示剂适量,用 EDTA 标液滴定至溶液由红色变为纯蓝色,记下体积 V_1。再同样取水样 50.00 mL 于锥形瓶中,加 10 mL pH=10 的氨水—氯化铵缓冲溶液甲,铬黑 T 指示剂 4 滴,用 EDTA 标液滴定至溶液由红色变为纯蓝色,记下体积 V_2。

钙离子和镁离子的质量浓度 ρ,数值以"mg/L"表示。

$$\rho_{钙} = \frac{c \times V_1 \times 10^3 \times M_1}{V} (\text{mg/L})$$

$$\rho_{镁} = \frac{c \times (V_1 - V_2) \times 10^3 \times M_2}{V} (\text{mg/L})$$

式中，c——乙二胺四乙酸二钠标准溶液的物质的量浓度，mol/L。

V_1——测定钙离子消耗乙二胺四乙酸二钠标准溶液的体积，mL。

V_2——测定钙镁离子消耗乙二胺四乙酸二钠标准溶液的体积，mL。

M_1——钙的摩尔质量[$M(\text{Ca})=40.08$]，g/mol。

M_2——镁的摩尔质量[$M(\text{Mg})=24.31$]，g/mol。

V——水样的体积，mL。

2. 溶解氧的测定

采集水样时，先用水样冲洗溶解氧瓶后，沿瓶壁直接注入水样或用虹吸法将吸管插入溶解氧瓶底部，注入水样至溢流出瓶容积的1/3~1/2。要注意不使水样曝气或有气泡残存在溶解氧瓶中。

溶解氧的固定：吸取1 mL溶液，加入装有水样的溶解氧瓶中，加注时，应将吸管插入液面下。按上法，再加入2 mL碱性KI溶液。盖紧瓶塞，将样瓶颠倒混合数次，静置。待沉淀降至瓶内一半时，再颠倒混合一次，待沉淀物下降至瓶底。

析出碘：轻轻打开瓶塞，立即用吸管插入液面下加入2.0 mL浓硫酸，小心盖紧瓶塞。颠倒混合，直至沉淀物全部溶解为止。放置暗处5 min。

样品的测定：用移液管吸取100.0 mL上述溶液于250 mL锥形瓶中，用标准溶液滴定至溶液呈淡黄色，加入1 mL淀粉溶液。继续滴定至蓝色刚刚退去，记录硫代硫酸钠溶液的用量。

3. 重铬酸盐法测定水的化学需氧量

取20.00 mL混合均匀的水样（或适量水样稀释至20.00 mL）置250 mL磨口的回流锥形瓶中，准确加入10.00 mL重铬酸钾标准溶液及数粒小玻璃珠或沸石，连接磨口回流冷凝管，从冷凝管上口慢慢地加入30 mL硫酸—硫酸银溶液，轻轻摇动锥形瓶使溶液混匀，加热回流2 h（自开始沸腾时计时）。冷却后，用90 mL水冲洗冷凝管壁，取下锥形瓶。溶液总体积不得少于140 mL，否则因酸度太大，滴定终点不明显。溶液再度冷却后，加3滴试亚铁灵指示液，用硫酸亚铁铵标准溶液滴定，溶液的颜色由黄色经蓝绿色至红褐色即为终点，记录硫酸亚铁铵标准溶液的用量。测定水样的同时,以 20.00 mL 重蒸馏水,按同样操作步骤做空白试验。记录滴定空白时硫酸亚铁铵标准溶液的用量。

$$\mathrm{COD_{Cr}(O_2,mg/L)} = \frac{(V_0-V_1) \times c \times 8 \times 1\,000}{V}$$

式中,c——硫酸亚铁铵标准溶液的浓度,mol/L。

V_0——滴定空白时硫酸亚铁铵标准溶液用量,mL。

V_1——滴定水样时硫酸亚铁铵标准溶液的用量,mL。

V——水样的体积,mL。

8——氧(1/2O)摩尔质量,g/mol。

第二节 样品中金属组分(钴或镍)含量的测定

一、基本原理

在碱性条件下,以紫脲酸铵为指示剂,用乙二胺四乙酸二钠标准滴定溶液对样品中的金属组分(钴或镍)进行定量测定。

二、目标

(1)配制指定的实验试剂溶液。

(2)标定乙二胺四乙酸二钠标准滴定溶液。

(3)测定样品中金属组分(钴或镍)的含量。

(4)完成报告。

三、仪器设备、试剂和解决方案

1. 仪器设备、试剂清单

仪器设备:电子天平(精度 0.000 1 g)、容量瓶、滴定管、单标线吸量管、锥形瓶、量筒、烧杯、实验室常见其他玻璃仪器。

试剂和溶液:基准试剂氧化锌、盐酸溶液、乙二胺四乙酸二钠标准滴定溶液、氨水溶液、氨—氯化铵缓冲溶液、铬黑 T 指示剂、含镍或钴的溶液样品、紫脲酸铵指示剂、去离子水。

2. 实验

(1) 用锌标准溶液标定乙二胺四乙酸二钠溶液。

减量法称取所需质量的基准试剂氧化锌,并用少量蒸馏水润湿,加入一定体积的盐酸溶液,搅拌,直到氧化锌完全溶解,然后定量转移至容量瓶中,用水稀释至刻度,摇匀,记为锌标准溶液。移取一定体积的锌标准溶液于锥形瓶中,加入一定体积的去离子水,用氨水溶液将溶液pH值调为适当后,加入适量的氨—氯化铵缓冲溶液及铬黑T指示剂,用待标定的乙二胺四乙酸二钠溶液滴定至溶液由紫色变为纯蓝色。

平行测定3次,同时做空白试验。取3次测定结果的算术平均值作为最终结果。使用以下公式计算乙二胺四乙酸二钠标准滴定溶液的浓度。

$$c(\text{EDTA}) = \frac{m \times \left(\frac{V_1}{V}\right) \times 1}{(V_2 - V_3) \times M}$$

式中,$c(\text{EDTA})$,单位 mol/L。

m——氧化锌质量,g。

V——氧化锌定容后的体积,mL。

V_1——移取的氧化锌溶液体积,mL。

V_2——氧化锌消耗的乙二胺四乙酸二钠溶液体积,mL。

V_3——空白试验消耗的乙二胺四乙酸二钠溶液体积,mL。

M——氧化锌的摩尔质量[$M(\text{ZnO}) = 81.408$],g/mol。

(2) 含金属组分的溶液样品分析。

①钴溶液样品分析:准确移取一定体积的钴溶液样品,加入适量蒸馏水,用盐酸溶液或氨水溶液调溶液pH为适当后,再用乙二胺四乙酸二钠标准滴定溶液滴定,在临近滴定终点前,加入一定体积氨—氯化铵缓冲溶液及紫脲酸铵指示剂,继续滴定至溶液呈紫红色。平行测定3次。允许预滴定一次。

②镍溶液样品分析:准确称取一定质量的镍溶液样品,加入适量蒸馏水,再加入一定体积氨—氯化铵缓冲溶液及紫脲酸铵指示剂,然后用乙二胺四乙酸二钠标准滴定溶液滴定至溶液呈蓝紫色。平行测定3次。

3. 结果处理、分析和报告

（1）金属组分的含量计算。

按下式计算出溶液样品中金属组分的含量，计为浓度 ρ，数值以 g/L 或 g/kg 表示。

$$\rho = \frac{cV \times M}{S \times 1\,000} \times 1\,000$$

取 3 次测定结果的算术平均值作为最终结果。

式中，c——乙二胺四乙酸二钠标准滴定溶液浓度的准确数值，mol/L。

V——乙二胺四乙酸二钠标准滴定溶液浓度体积的数值，mL。

S——移取的样品体积，mL；或称取的样品质量，g。

M——金属元素的原子质量[$M(\text{Co}) = 58.93$，$M(\text{Ni}) = 58.69$]，g/mol。

（2）误差分析。

对结果的精密度进行分析，以相对极差 $A(\%)$ 表示，结果精确至小数点后 2 位。计算公式如下：

$$A = \frac{(X_1 - X_2)}{\overline{X}} \times 100\%$$

式中，X_1——平行测定的最大值。

X_2——平行测定的最小值。

$\overline{X}$——平行测定的平均值。

4. 撰写报告

请完成一份报告，应包括：实验过程中必须做好的健康、安全、环保措施，实验中的物料计算和过程记录、数据处理及结果评价。

第三节 乙酸乙酯的合成及质量评价

一、基本原理

乙酸乙酯的合成是基于乙醇与乙酸发生的可逆平衡反应——酯化反应。采用气相色谱对合成产物进行鉴定,采用内标法对产物中的乙酸乙酯含量进行定量分析。物料的物性常数表,见表 5-1;无机盐溶解度温度对照表,见表 5-2;乙酸乙酯测定的色谱条件,见表 5-3。

表 5-1 物料的物性常数表

药品名称	分子量	密度(g/mL)	沸点(℃)	折光率	水溶解度(g/100 mL)
乙酸	60.05	1.049	118	1.376	易溶于水
乙醇	46.07	0.789	78.4	1.361	易溶于水
乙酸乙酯	88.11	0.900 5	77.1	1.372	微溶于水
浓硫酸	98.08	1.84	—	—	易溶于水
乙酸正丙酯	102.13	0.887 8	101.6	1.383	微溶于水

表 5-2 无机盐溶解度温度对照表

温度(℃)		0	10	20	30	40
溶解度(g)	氯化钠	35.7	35.8	35.9	36.1	36.4
	氯化钙	59.5	64.7	74.5	100	128
	碳酸钠	7.0	12.5	21.5	39.7	49.0

表 5-3 乙酸乙酯测定的色谱条件

色谱柱	PEG(聚乙二醇)毛细管柱
柱长/柱内径/液膜厚度	50 m/0.25 mm/0.2 μm
柱温	50~80 ℃
气化室温度	200 ℃
检测器温度	200 ℃
载气(N_2)平均速度	50 cm/s
空气流量	300 mL/min
氢气流量	30 mL/min
分流比	50∶1
进样量	0.2~1.0 μL

二、目标

根据流程进行乙酸乙酯的制备,计算乙酸乙酯的产率(%),准备产物样品内标溶液。

三、测定乙酸乙酯的含量完成报告

1. 仪器设备、试剂

仪器设备、试剂清单,见表5-4。

表5-4 仪器设备、试剂清单

主要设备	电热套(250 mL,磁力搅拌,可调温)
	升降台
	带十字夹的铁架台
	电子天平(精度0.01 g、0.000 1 g)
	通风设备
	气流烘干器(30孔,不锈钢)
	气相色谱系统(火焰离子化检测器FID)
	色谱柱[PEG(聚乙二醇)毛细管柱]
玻璃器皿	单口烧瓶(100 mL/24#,磨口)
	三口烧瓶(100 mL/24#,磨口)
	分液漏斗(125 mL,聚四氟乙烯旋塞)
	恒压长颈滴液漏斗(60 mL,磨口)
	直形冷凝管(直形200 mm/24#,磨口)
	蒸馏头(24#,磨口)
	真空尾接管(24#,双磨口)
	玻璃塞(磨口)
	玻璃漏斗(40 mm)
	锥形瓶(50 mL、100 mL/24#,磨口)
	量筒
	烧杯

续表

药品试剂	乙醇
	乙酸(冰醋酸)
	浓硫酸
	无水碳酸钠
	氯化钠
	无水氯化钙
	无水硫酸镁
	乙酸乙酯标准品
	乙酸正丙酯标准品(内标物)
	去离子水

2. 乙酸乙酯的合成

依据计算所得反应物用量,准确称取乙酸和乙醇,然后将适量乙醇、浓硫酸加入 100 mL 三口烧瓶中,混匀后加入磁力搅拌子。在滴液漏斗内加入适量乙醇和冰醋酸并混匀。开始加热,当温度升至约 120 ℃时,开始滴加乙醇和冰醋酸的混合液,调节滴液速度,使滴入速度与馏出乙酸乙酯的速度大致相等。反应结束后,停止加热,收集保留粗产品。

3. 乙酸乙酯的精制

(1)洗涤:在粗品乙酸乙酯中加入饱和碳酸钠溶液洗涤至中性,然后将此混合液移入分液漏斗中,充分振摇,静置分层后,分出水层。接着用饱和氯化钠溶液洗涤,分出水层。再用饱和氯化钙溶液洗涤酯层,分出水层。

(2)干燥:将酯层倒入锥形瓶中,并放入一定质量的无水硫酸镁,配上塞子,充分振摇至液体澄清透明,再放置干燥。

(3)蒸馏:将干燥后的乙酸乙酯用漏斗经脱脂棉过滤至干燥的蒸馏烧瓶中,加入磁力搅拌子,搭建好蒸馏装置,加热进行蒸馏。按要求收集乙酸乙酯馏分,记录精制乙酸乙酯的产量。

(4)含内标物的产物样品溶液配制:准确称取一定质量的合成产物(乙酸乙酯产品)于样品瓶中,然后加入一定质量的内标物(乙酸正丙酯标准品),具塞备用。平行测定2次。

将上述配好的样品溶液混合均匀后,填写送样单,送样至气相色谱室分析,根据所得色谱图获取对应峰的峰面积。

4. 结果处理、分析和报告

由气相色谱技术专家根据标准溶液的色谱图,提供内标物的相对质量校正因子($f_{i/s}'$)。

计算产物中乙酸乙酯的含量(W_i),取 2 次测定结果的算术平均值作为最终结果,结果精确至小数点后一位,公式如下:

$$W_i = \frac{A_i \times m_s}{A_s \times m} \times f_{i/s}' \times 100\%$$

式中,A_i——产物样品中乙酸乙酯所得的峰面积。

m——产物样品的质量。

A_s——内标物(乙酸乙酯)的峰面积。

m_s——内标物(乙酸正丙酯)的质量。

$f_{i/s}'$——内标物的相对质量校正因子。

5. 撰写报告

请完成一份报告,应包括:实验过程中必须做好的健康、安全、环保措施,实验过程记录和结果的评价、问题分析。

第四节　硫酸亚铁铵的制备及质量评价

一、基本原理

铁能溶于稀硫酸生成硫酸亚铁,但亚铁盐通常不稳定,在空气中易被氧化。若往硫酸亚铁溶液中加入与硫酸亚铁等物质的量(以摩尔计)的硫酸铵,可生成一种含有结晶水、不易被氧化、易于存储的复盐——硫酸亚铁铵晶体。三种硫酸盐的溶解度,见表 5-5。

产品等级分析可采用限量分析——目测比色法,该方法基于酸性条件下,三价铁离子可以与硫氰酸根离子生成红色配合物,将产品溶液与标准色阶进行比较,可以评判产品溶液中三价铁离子的含量范围,以确定产品等级。

产品纯度分析可采用 1,10-菲啰啉分光光度法,该方法基于特定 pH 条件下,二价铁离子可以与 1,10-菲啰啉生成有色配合物。依据朗伯—比尔定律(Lambert-Beerlaw),可以通过测定该配合物最大吸收波长处的吸光度,计算二价铁离子含量,判定产品纯度。

表 5-5 三种硫酸盐的溶解度(单位为 g/100 g H$_2$O)

温度/℃	FeSO$_4$	(NH$_4$)$_2$SO$_4$	(NH$_4$)$_2$SO$_4$·FeSO$_4$·6H$_2$O
10	20.5	73.0	18.1
20	26.6	75.4	21.2
30	33.2	78.0	24.5
50	48.6	84.5	31.3
70	56.0	91.0	38.5

二、目标

(1)准备实验方案所需的溶液(剂)。实验操作的仪器设备、试剂,见表 5-6。
(2)根据实验方案制备复盐硫酸亚铁铵晶体。
(3)计算硫酸亚铁铵的产率(%)。
(4)评判硫酸亚铁铵的产品等级。
(5)测定硫酸亚铁铵的产品纯度。
(6)完成报告。

表 5-6 实验操作的仪器设备、试剂

主要设备	电子天平(精度 0.01 g、0.000 1 g)
	电炉(配石棉网)
	水浴装置
	通风设备
	减压抽滤装置
	紫外—可见分光光度计(配备 1 cm 石英比色皿 2 个)

续表

玻璃器皿	烧杯(100 mL、250 mL、500 mL、1 000 mL)
	量筒(5 mL、10 mL、25 mL、100 mL)、量杯(500 mL)
	试剂瓶(250 mL、500 mL、5 000 mL)
	普通漏斗
	蒸发皿
	表面皿
	抽滤瓶
	布氏漏斗
	分刻度吸量管(2 mL、5 mL)
	比色管(25 mL)
	容量瓶(100 mL、250 mL)
	实验室常见其他玻璃仪器
药品试剂	铁原料:纯铁粒(Fe 含量99.9%)
	碳酸钠
	硫酸铵
	硫酸(3.0 mol/L)
	无水乙醇
	盐酸溶液(20%)
	硫氰化钾溶液(25%)
	缓冲试剂混合溶液(0.025 mol/L 盐酸邻菲啰啉、0.5 mol/L 氨基乙酸、0.1 mol/L 氨三乙酸按体积比5∶5∶1混合)
	铁(Ⅱ)离子储备溶液(2.000 g/L)
	去离子水

三、制备操作和产品等级鉴定

1. 溶液(剂)准备

(1)除氧水(加热法)。

(2)将去离子水注入1 L的烧杯中,煮沸10 min,立即转移至5 L的试剂瓶,加塞密封,冷却至室温,备用。

2. 产品制备

(1)硫酸亚铁的制备。

称取2.3 g(精确到0.01 g)的铁原料于锥形瓶,加入一定体积、浓度为3.0 mol/L的硫酸溶液(反应组分的物质的量之比$n_{铁}:n_{硫酸}$为1:1~1:1.5),水浴加热至不再有气泡放出,动态调控反应温度以确保反应过程温和。反应结束后,根据需要加入适量热水,用硫酸溶液调节pH不大于1,并根据需要加入适量热水,趁热过滤至蒸发皿中。

未反应完的铁原料用滤纸吸干后称量,以此计算已被溶解的铁量。

(2)硫酸亚铁铵的制备。

根据反应生成硫酸亚铁的量,按反应方程式计算并称取所需硫酸铵的质量,$M[(NH_4)_2SO_4] = 132.14$ g/mol。在室温下将硫酸铵配成饱和溶液,然后加入盛有硫酸亚铁溶液的蒸发皿中(或缓缓加入固体硫酸铵),混合均匀并用硫酸溶液调节pH不大于1。

所得混合溶液用水浴或蒸气浴加热浓缩,至溶液表面刚出现结晶薄层为止。静置自然冷却至室温,待硫酸亚铁铵晶体完全析出。

减压过滤,用少量无水乙醇洗涤晶体,取出晶体,用滤纸快速吸除晶体表面残留的水和乙醇,然后置于盛器或称量纸上晾干,晾干时间不得超过5 min。

称取3 g(精确到0.01 g)左右产品置于样品瓶中,用于产品外观评价。剩余产品保存在自封袋或称量瓶中,备用。

3. 产品等级分析

称取0.50 g(精确到0.01 g)硫酸亚铁铵产品,置于25 mL比色管中,加入一定体积的除氧水溶解晶体,然后加入1 mL 20%的盐酸溶液和2 mL 25%的硫氰化钾溶液,最后用除氧水定容,摇匀。同法平行配制3份。

产品等级分析的分级标准,见表5-7。

表 5-7　产品等级分析的分级标准

规格	一级	二级	三级
Fe^{3+}含量(mg/g)	<0.1	0.1~0.2	0.2~0.4

四、产品纯度分析

1. 溶液准备

铁(Ⅱ)离子标准溶液:准确移取一定体积的铁(Ⅱ)离子储备溶液注入一定规格的容量瓶中,加入一定体积的硫酸溶液,用除氧水稀释至刻度,摇匀。

2. 产品纯度分析

(1)工作曲线绘制。

①配制标准溶液系列:用吸量管准确移取不同体积的铁(Ⅱ)离子标准溶液至一组7个的100 mL容量瓶中,然后加入20 mL的缓冲试剂混合溶液,用除氧水稀释至刻度,摇匀、静置。

②测定最大吸收波长:以相同方式制备不含铁(Ⅱ)离子的溶液为空白溶液,任取一份已显色的铁(Ⅱ)离子标准系列溶液转移到比色皿中,选择一定的波长范围进行测量,确定最大吸收波长。

③绘制标准曲线:在最大吸收波长处,测定各铁(Ⅱ)离子标准系列溶液的吸光度。以浓度为横坐标,以相应的吸光度为纵坐标绘制标准曲线。

(2)产品纯度分析。

准确称取1 g(精确到0.000 1 g)的硫酸亚铁铵产品(自制),加入一定体积的硫酸溶液,搅拌、溶解,然后定量转移至100 mL容量瓶中,用除氧水稀释至刻度,摇匀。

确定产品溶液的稀释倍数,配制待测溶液于所选用的容量瓶中,按照工作曲线绘制时的溶液显色方法和测定方法,在最大吸收波长处进行吸光度测定。

由测得吸光度从工作曲线查出待测溶液中铁(Ⅱ)离子的浓度,计算得出产品纯度。

产品纯度分析须完成3次平行实验。

3. 结果处理

(1)产品纯度。

按下式计算出产品纯度,取3次测定结果的算术平均值作为最终结果,结果保留4位有效数字。

$$纯度 = \frac{\rho_x \times n \times V \times M_2}{m \times M_1} \times 100\%$$

式中，ρ_x——从工作曲线查得的待测溶液中铁浓度，mg/L。

n——产品溶液的稀释倍数。

V——产品溶液定容后的体积，mL。

m——准确称取的产品质量，g。

M_1——铁元素的摩尔质量，55.84 g/mol。

M_2——六水合硫酸亚铁铵的摩尔质量，391.97 g/mol。

（2）误差分析。

对产品纯度测定结果的精密度进行分析，以相对极差 A 表示，结果精确至小数点后2位。

计算公式如下：

$$A = \frac{(X_1 - X_2)}{X} \times 100\%$$

式中，X_1——平行测定的最大值。

X_2——平行测定的最小值。

X——平行测定的平均值。

4. 报告撰写

请完成一份完整的工作报告（电子文档），存档并打印；实操过程中的数据记录表、谱图等作为工作报告附件，一并提交。工作报告格式自行设计，内容应涵盖：实验过程中必须做好的健康、安全、环保措施，实验原理，数据处理，结果评价和问题分析等。

第五节 对化学试剂乙醚产品进行采样

化学试剂产品批量为525瓶，每瓶净含量为500 mL，进行一次全分析需试样450 mL。

（1）采样单元数按 $3 \times \sqrt[3]{N}$ 计算。N 为批量的单元数。计算遇小数则进1。

（2）确定采样单元位置：25×21，将确定的采样单元位置用"O"标在单元格内。同时在随机表 5-8 上标出所选用行或列。

表 5-8 采样单元

1	2	3	4	5	6	7	8	9	10	11	12	13	14	15	16	17	18	19	20	21	22	23	24	25
26	27	28	29	30	31	32	33	34	35	36	37	38	39	40	41	42	43	44	45	46	47	48	49	50
51	52	53	54	55	56	57	58	59	60	61	62	63	64	65	66	67	68	69	70	71	72	73	74	75
76	77	78	79	80	81	82	83	84	85	86	87	88	89	90	91	92	93	94	95	96	97	98	99	100
101	102	103	104	105	106	107	108	109	110	111	112	113	114	115	116	117	118	119	120	121	122	123	124	125
126	127	128	129	130	131	132	133	134	135	136	137	138	139	140	141	142	143	144	145	146	147	148	149	150
151	152	153	154	155	156	157	158	159	160	161	162	163	164	165	166	167	168	169	170	171	172	173	174	175
176	177	178	179	180	181	182	183	184	185	186	187	188	189	190	191	192	193	194	195	196	197	198	199	200
201	202	203	204	205	206	207	208	209	210	211	212	213	214	215	216	217	218	219	220	221	222	223	224	225
226	227	228	229	230	231	232	233	234	235	236	237	238	239	240	241	242	243	244	245	246	247	248	249	250
251	252	253	254	255	256	257	258	259	260	261	262	263	264	265	266	267	268	269	270	271	272	273	274	275
276	277	278	279	280	281	282	283	284	285	286	287	288	289	290	291	292	293	294	295	296	297	298	299	300
301	302	303	304	305	306	307	308	309	310	311	312	313	314	315	316	317	318	319	320	321	322	323	324	325
326	327	328	329	330	331	332	333	334	335	336	337	338	339	340	341	342	343	344	345	346	347	348	349	350
351	352	353	354	355	356	357	358	359	360	361	362	363	364	365	366	367	368	369	370	371	372	373	374	375
376	377	378	379	380	381	382	383	384	385	386	387	388	389	390	391	392	393	394	395	396	397	398	399	400
401	402	403	404	405	406	407	408	409	410	411	412	413	414	415	416	417	418	419	420	421	422	423	424	425
426	427	428	429	430	431	432	433	434	435	436	437	438	439	440	441	442	443	444	445	446	447	448	449	450
451	452	453	454	455	456	457	458	459	460	461	462	463	464	465	466	467	468	469	470	471	472	473	474	475
476	477	478	479	480	481	482	483	484	485	486	487	488	489	490	491	492	493	494	495	496	497	498	499	500
501	502	503	504	505	506	507	508	509	510	511	512	513	514	515	516	517	518	519	520	521	522	523	524	525

(3)填写标签,见表 5-9。

表 5-9 标签

生产企业名称			
产品名称		批号(或生产日期)	
批量(或数量)		规格(或等级)	
采样地点		采样执行标准号	
采样时间		采样人	

(4)填写采样表,见表 5-10。

表 5-10 采样表

生产企业名称			
产品名称		批号(或生产日期)	
批量(或数量)		规格(或等级)	
采样地点		采样执行标准号	
采样时间		采样人	
送样数量		送样日期		送样人	

附:随机表

```
03 46 38 56 84 81 20 89 68 52 45 41 01 71 55 14 18 05 18 01 74 94 50 66 07
74 12 14 57 26 12 48 83 67 04 88 69 05 27 23 68 84 23 52 07 21 67 13 52 01
08 23 73 51 23 92 93 05 54 32 84 46 61 33 92 13 30 91 73 11 30 44 21 71 20
99 21 30 24 79 30 18 06 96 20 62 06 47 96 07 04 82 93 01 56 62 70 43 22 85
96 82 59 39 23 22 20 95 72 00 24 85 63 57 75 88 05 79 13 75 78 64 25 89 85

62 16 18 23 64 50 90 57 50 54 04 96 09 08 17 14 63 17 80 80 56 10 17 11 57
21 40 82 41 45 41 41 89 46 18 55 86 94 32 57 44 12 64 75 12 78 01 13 69 81
13 83 48 82 60 78 96 30 57 13 40 28 10 24 48 73 50 92 70 18 72 86 54 09 76
29 65 33 93 92 99 26 01 86 11 85 42 48 86 59 24 96 35 07 87 67 31 25 89 62
17 49 05 12 13 53 01 98 80 17 83 35 38 14 79 82 83 56 44 51 35 40 70 68 22

14 36 47 29 15 14 22 27 62 93 15 60 43 13 05 25 75 40 08 85 44 70 89 64 13
78 09 76 61 07 48 31 27 48 28 96 11 26 95 03 06 86 81 52 72 66 74 71 60 25
83 17 94 26 39 01 48 68 56 97 05 76 82 89 15 66 81 63 81 96 12 44 71 57 43
87 12 89 46 85 58 09 94 39 92 09 08 76 54 88 85 73 24 94 39 02 79 07 58 27
44 30 30 40 85 96 34 99 87 03 93 03 00 74 18 67 13 97 11 12 59 30 54 51 66

54 56 85 50 81 32 42 53 60 36 98 03 65 10 60 26 52 64 74 35 28 13 24 65 23
65 99 30 88 88 44 91 22 50 72 61 95 90 98 80 65 03 45 04 27 88 70 88 40 49
55 56 01 94 09 94 02 71 85 10 27 20 51 27 86 09 15 11 62 41 03 22 82 10 60
55 78 63 40 57 16 20 17 73 02 76 09 62 95 85 67 75 45 99 63 59 55 88 27 99
83 78 98 57 23 38 95 61 06 58 69 07 35 82 10 35 61 61 66 06 75 45 83 33 70
```

第六节 配位滴定分析法——碳酸钙含量的测定

一、测定步骤

用天平称取 0.15 g 试样,精确至 0.000 1 g,置于 250 mL 锥形瓶中,用 2 mL 水调湿,滴加 20% 盐酸溶液至试样全部溶解,加 50 mL 水和 5 mL 30% 的三乙醇胺溶液,用乙二胺四乙酸二钠标准滴定溶液 [c(EDTA) 约为 0.05 mol/L] 滴定(浓度由考核站标定好),标准滴定溶液消耗至 25 mL 时,加 5 mL 浓度为 100 g/L 的氢氧化钠溶液和 10 mg 钙指示剂,继续用 EDTA 标准滴定溶液滴定至溶液由红色为纯蓝色。进行平行测定同时做空白试验,并进行滴定管体积校正和溶液温度的体积校正。

二、结果计算

(1)碳酸钙含量以质量分数 W 计,数值以%表示,按下式计算:

$$W\% = \frac{C \times (V - V_0) \times 0.100\ 1}{m} \times 100$$

式中,C——EDTA 标准滴定溶液浓度的准确数值,mol/L。

V——测定试样消耗 EDTA 标准滴定溶液体积的准确数值,mL。

V_0——空白试验消耗 EDTA 标准滴定溶液体积的准确数值,mL。

m——试样质量的准确数值,g。

0.100 1——与 1.00 mL EDTA 标准滴定溶液浓度为 1.00 0 mol/L 相当的,以克表示的碳酸钙的质量。

取平行测定结果的算术平均值为试样的含量。

(2)平行测定的相对平均偏差。

$$相对平均偏差 = \frac{\sum_{i=1}^{n} |W_i - \overline{W}|}{\frac{n}{W}} \times 100\%$$

式中,W_i——单次测定值。

$\overline{W}$——测定值的平均值。

n——测定次数。

附录

附录一 常用酸碱的密度和浓度

试剂名称	密度(kg/m^3)	含量	c(mol/L)
盐酸	1.18~1.19	36%~38%	11.6~12.4
硝酸	1.39~1.40	65.0%~68.0%	14.4~15.2
硫酸	1.83~1.84	95%~98%	17.8~18.4
磷酸	1.69	85%	14.6
高氯酸	1.68	70.0%~72.0%	11.7~12.0
冰醋酸	1.05	99.8%(优级纯) 99.0%(分析纯)	17.4
氢氟酸	1.13	40%	22.5
氢溴酸	1.49	47%	8.6
氨水	0.88~0.90	25.0%~28.0%	13.3~14.8

附录二 常用缓冲溶液的配制

缓冲溶液组成	pK_a	缓冲溶液 pH	缓冲溶液配制方法
氨基乙酸—HCl	2.35(pK_{a_1})	2.3	取氨基乙酸 150 g 溶于 500 mL 水中后,加浓 HCl 80 mL,再用水稀至 1 L
H_3PO_4—柠檬酸盐		2.5	取 $Na_2HPO_4 \cdot 12H_2O$ 113 g 溶于 200 mL 水中,加柠檬酸 387 g,溶解,过滤后,稀至 1 L

续表

缓冲溶液组成	pK_a	缓冲溶液 pH	缓冲溶液配制方法
一氯乙酸—NaOH	2.86	2.8	取 200 g 一氯乙酸溶于 200 mL 水中,加 NaOH 40 g,溶解后,稀至 1 L
邻苯二甲酸氢钾—HCl	2.95(pK_{a_1})	2.9	取 500 g 邻苯二甲酸氢钾溶于 500 mL 水中,加浓 HCl 80 mL,稀至 1 L
甲酸—NaOH	3.76	3.7	取 95 g 甲酸和 NaOH 40 g 于 500 mL 水中,溶解,稀至 1 L
NH_4Ac—HAc		4.5	取 NH_4Ac 77 g 溶于 200 mL 水中,加冰醋酸 59 mL,稀至 1 L
NaAc—HAc	4.74	4.7	取无水 NaAc 83 g 溶于水中,加冰醋酸 60 mL,稀至 1 L
NH_4Ac—HAc		5	取 NH_4Ac 250 g 溶于水中,加冰醋酸 25 mL,稀至 1 L
六亚甲基四胺—HCl	5.15	5.4	取六亚甲基四胺 40 g 溶于 200 mL 水中,加浓 HCl 10 mL,稀至 1 L
NH_4Ac—HAc		6	取 NH_4Ac 600 g 溶于水中,加冰醋酸 20 mL,稀至 1 L
NaAc—Na_2HPO		8	取无水 NaAc 50 g 和 $Na_2HPO_4 \cdot 12H_2O$ 50 g,溶于水中,稀至 1 L
Tris—HCl[三羟甲基氨基甲烷 $H_2NC(HOCH_3)_3$]	8.21	8.2	取 25 g Tris 试剂溶于水中,加浓 HCl 8 mL,稀至 1 L
NH_3—NH_4Cl	9.26	9.2	取 NH_4Cl 54 g 溶于水中,加浓氨水 63 mL,稀至 1 L
NH_3—NH_4Cl	9.26	9.5	取 NH_4Cl 54 g 溶于水中,加浓氨水 126 mL,稀至 1 L
NH_3—NH_4Cl	9.29	10	取 NH_4Cl 54 g 溶于水中,加浓氨水 350 mL,稀至 1 L

注:(1)缓冲液配制后可用 pH 试纸检查。如 pH 不对,可用共轭酸或碱调节。pH 欲调节精确时,可用 pH 计调节。

(2)若需增加或减少缓冲液的缓冲容量时,可相应增加或减少共轭酸碱对的物质的量,然后按上述调节。

附录三 常用基准物质的干燥条件和应用

基准物质 名称	分子式	干燥后组成	干燥条件/℃	标定对象
碳酸氢钠	$NaHCO_3$	Na_2CO_3	270~300	酸
碳酸钠	$Na_2CO_3 \cdot 10H_2O$	Na_2CO_3	270~300	酸
硼砂	$Na_2B_4O_7 \cdot 10H_2O$	$Na_2B_4O_7 \cdot 10H_2O$	放在含 NaCl 和蔗糖饱和液的干燥器中	酸
碳酸氢钾	$KHCO_3$	K_2CO_3	270~300	酸
草酸	$H_2C_2O_4 \cdot 2H_2O$	$H_2C_2O_4 \cdot 2H_2O$	室温空气干燥	碱或 $KMnO_4$
邻苯二甲酸氢钾	$KHC_8H_4O_4$	$KHC_8H_4O_4$	110~120	碱
重铬酸钾	$K_2Cr_2O_7$	$K_2Cr_2O_7$	140~150	还原剂
溴酸钾	$KBrO_3$	$KBrO_3$	130	还原剂
碘酸钾	KIO_3	KIO_3	130	还原剂
铜	Cu	Cu	室温干燥器中保存	还原剂
三氧化二砷	As_2O_3	As_2O_3	室温干燥器中保存	还原剂
草酸钠	$Na_2C_2O_4$	$Na_2C_2O_4$	130	氧化剂
碳酸钙	$CaCO_3$	$CaCO_3$	110	EDTA
锌	Zn	Zn	室温干燥器中保存	EDTA
氧化锌	ZnO	ZnO	900~1000	EDTA
氯化钠	NaCl	NaCl	500~600	$AgNO_3$
氯化钾	KCl	KCl	500~600	$AgNO_3$
硝酸银	$AgNO_3$	$AgNO_3$	280~290	氯化物
氨基磺酸	$HOSO_2NH_2$	$HOSO_2NH_2$	在真空 H_2SO_4 干燥中保存 48h	碱

附录四 常用指示剂

1. 酸碱指示剂

名称	变色范围(pH)	颜色变化	溶液配制方法
甲基紫	0.13~0.50(第一次变色)	黄色~绿色	0.5 g/L 水溶液
	1.0~1.5(第二次变色)	绿色~蓝色	
	2.0~3.0(第三次变色)	蓝色~紫色	
百里酚蓝	1.2~2.8(第一次变色)	红色~黄色	1 g/L 乙醇溶液
甲酚红	0.12~1.8(第一次变色)	红色~黄色	1 g/L 乙醇溶液
甲基黄	2.9~4.0	红色~黄色	1 g/L 乙醇溶液
甲基橙	3.1~4.4	红色~黄色	1 g/L 水溶液
溴酚蓝	3.0~4.6	黄色~紫色	0.4 g/L 乙醇溶液
刚果红	3.0~5.2	蓝紫色~红色	1 g/L 水溶液
溴甲酚绿	3.8~5.4	黄色~蓝色	1 g/L 乙醇溶液
甲基红	4.4~6.2	红色~黄色	1 g/L 乙醇溶液
溴酚红	5.0~6.8	黄色~红色	1 g/L 乙醇溶液
溴甲酚紫	5.2~6.8	黄色~紫色	1 g/L 乙醇溶液
溴百里酚蓝	6.0~7.6	黄色~蓝色	1 g/L 乙醇[50%(体积分数)]溶液
中性红	6.8~8.0	红色~亮黄色	1 g/L 乙醇溶液
酚红	6.4~8.2	黄色~红色	1 g/L 乙醇溶液
甲酚红	7.0~8.8(第二次变色)	黄色~紫红色	1 g/L 乙醇溶液
百里酚蓝	8.0~9.6(第二次变色)	黄色~蓝色	1 g/L 乙醇溶液
酚酞	8.2~10.0	无色~红色	10 g/L 乙醇溶液
百里酚酞	9.4~10.6	无色~蓝色	1 g/L 乙醇溶液

2. 酸碱混合指示剂

名称	变色点	颜色		配制方法	备注
		酸色	碱色		
甲基橙-靛蓝(二磺酸)	4.1	紫色	绿色	1份1 g/L 甲基橙水溶液 1份2.5 g/L 靛蓝(二磺酸)水溶液	
溴百里酚绿-甲基橙	4.3	黄色	蓝绿色	1份1 g/L 溴百里酚氯钠盐水溶液 1份2 g/L 甲基橙水溶液	pH=3.5 黄色 pH=4.05 绿黄色 pH=4.3 浅绿色
溴甲酚绿-甲基红	5.1	酒红色	绿色	3份1 g/L 溴甲酚绿乙醇溶液 1份2 g/L 甲基红乙醇溶液	
甲基红-亚甲基蓝	5.4	红紫色	绿色	2份1 g/L 甲基红乙醇溶液 1份1 g/L 亚甲基蓝乙醇溶液	pH=5.2 红紫色 pH=5.4 暗蓝色 pH=5.6 绿色
溴甲酚绿-氯酚红	6.1	黄绿色	蓝紫色	1份1 g/L 溴甲酚绿钠盐水溶液 1份1 g/L 氟酚红钠盐水溶液	pH=5.8 蓝色 pH=6.2 蓝紫色
溴甲酚紫-溴百里酚蓝	6.7	黄色	蓝紫色	1份1 g/L 溴甲酚紫钠盐水溶液 1份1 g/L 溴百里酚蓝钠盐水溶液	
中性红-亚甲基蓝	7	紫蓝色	绿色	1份1 g/L 中性红乙醇溶液 1份1 g/L 亚甲基蓝乙醇溶液	pH=7.0 蓝紫色
溴百里酚蓝-酚红	7.5	黄色	紫色	1份1 g/L 溴百里酚蓝钠盐水溶液 1份1 g/L 酚红钠盐水溶液	pH=7.2 暗绿色 pH=7.4 淡紫色 pH=7.6 深紫色
甲酚红-百里酚蓝	8.3	黄色	紫色	1份1 g/L 甲酚红钠盐水溶液 3份1 g/L 百里酚蓝钠盐水溶液	pH=8.2 玫瑰色 pH=8.4 紫色
百里酚蓝-酚酞	9	黄色	紫色	1份1 g/L 百里酚蓝乙醇溶液 3份1 g/L 酚酞乙醇溶液	
酚酞-百里酚酞	9.9	无色	紫色	1份1 g/L 酚酞乙醇溶液 1份1 g/L 百里酚酞乙醇溶液	pH=9.6 玫瑰色 pH=10 紫色

3. 金属离子指示剂

名称	颜色		配制方法
	化合物	游离态	
铬黑T(EBT)	红色	蓝色	(1)称取0.50 g铬黑T和2.0 g盐酸羟胺,溶于乙醇,用乙醇稀释至100 mL,使用前制备;(2)将1.0 g铬黑T与100.0 g NaCl研细,混匀
二甲酚橙(XO)	红色	黄色	2 g/L水溶液(去离子水)
钙指示剂	酒红色	蓝色	0.50 g钙指示剂与100.0 g NaCl研细,混匀
紫脲酸铵	黄色	紫色	1.0 g紫脲酸铵与200.0 g NaCl研细,混匀
K—B指示剂	红色	蓝色	0.50 g酸性铬蓝K加1.250 g萘酚绿,再加25.0 g K_2SO_4研细,混匀
磺基水杨酸	红色	无色	10 g/L水溶液
PAN	红色	黄色	2 g/L乙醇溶液
Cu—PAN(CuY+PAN)	Cu-PAN 红色	CuY-PAN 浅绿色	0.05 mol/L Cu^{2+}溶液10 mL,加pH=5~6的HAC缓冲溶液5 mL,1滴PAN指示剂,加热至60℃左右,用EDTA滴至绿色,得到约0.025 mol/L的CuY溶液。使用时取2~3 mL于试液中,再加数滴PAN溶液

4. 氧化还原指示剂

名称	变色点	颜色		配制方法
		化合物	游离态	
二苯胺	0.76	紫色	无色	1 g二苯胺在搅拌下溶于100 mL浓硫酸中
二苯胺磺酸钠	0.85	紫色	无色	5 g/L水溶液
邻菲啰啉—Fe(Ⅱ)	1.06	淡蓝色	红色	0.5 g $FeSO_4 \cdot 7H_2O$溶于100 mL水中,加2滴硫酸,再加0.5 g邻菲咯啉
邻苯氨基苯甲酸	1.08	紫红色	无色	0.2 g邻苯氨基苯甲酸,加热溶解在100 mL 0.2% Na_2CO_3溶液中,必要时过滤
硝基邻二氮菲—Fe(Ⅱ)	1.25	淡蓝色	紫红色	1.7 g硝基邻二氮菲溶于100 mL 0.025 mol/L Fe^{2+}溶液中

续表

名称	变色点	颜色		配制方法
		化合物	游离态	
淀粉				1 g 可溶性淀粉加少许水调成糊状,在搅拌下注入 100 mL 沸水中,微沸 2 min,放置,取上层清液使用(若要保持稳定,可在研磨淀粉时加 1 mg HgI_2)

5. 沉淀滴定法指示剂

名称	颜色变化		配制方法
	黄色	砖红色	
铬酸钾	黄色	砖红色	5 g K_2CrO_4 溶于水,稀释至 100 mL
硫酸铁铵	无色	血红色	40 g $NH_4Fe(SO_4)_2 \cdot 12H_2O$ 溶于水,加几滴硫酸,用水稀释至 100 mL
荧光黄	绿色荧光	玫瑰红色	0.5 g 荧光黄溶于乙醇,用乙醇稀释至 100 mL
二氯荧光黄	绿色荧光	玫瑰红色	0.1 g 二氯荧光黄溶于乙醇,用乙醇稀释至 100 mL
曙红	黄色	玫瑰红色	0.5 g 曙红钠盐溶于水,稀释至 100 mL

附录五 化合物式量表

化合物	相对分子质量	化合物	相对分子质量
Ag_3AsO_3	462.52	$BaCrO_4$	253.32
$AgBr$	187.77	BaO	153.33
$AgCl$	143.32	$Ba(OH)_2$	171.34
$AgCN$	133.89	$BaSO_4$	233.39
$AgSCN$	165.95	$BiCl_3$	315.34
Ag_2CrO_4	331.73	$BiOCl$	260.43
AgI	234.77	CO_2	44.01
$AgNO_3$	169.87	CaO	56.08
$AlCl_3$	133.34	$CaCO_3$	100.09

续表

化合物	相对分子质量	化合物	相对分子质量
$AlCl_3 \cdot 6H_2O$	241.43	CaC_2O_4	128.1
$Al(NO_3)_3$	213	$CaCl_2$	110.99
$Al(NO_3)_3 \cdot 9H_2O$	375.13	$CaCl_2 \cdot 6H_2O$	219.08
Al_2O_3	101.96	$Ca(NO_3)_2 \cdot 4H_2O$	236.15
$Al(OH)_3$	78	$Ca(OH)_2$	74.1
$Al_2(SO_4)_3$	342.14	$Ca_3(PO_4)_2$	310.18
$Al_2(SO_4)_3 \cdot 18H_2O$	666.41	$CaSO_4$	136.14
As_2O_3	197.84	$CdCO_3$	172.42
As_2O_5	229.84	$CdCl_2$	183.32
As_2S_3	246.02	CdS	144.47
$BaCO_3$	197.34	$Ce(SO_4)_2$	332.24
BaC_2O_4	225.35	$Ce(SO_4)_2 \cdot 4H_2O$	404.3
$BaCl_2$	208.42	$CoCl_2$	129.84
$BaCl_2 \cdot 2H_2O$	244.27	$CoCl_2 \cdot 6H_2O$	237.93
$Co(NO_3)_2$	182.94	HF	20.01
$Co(NO_3)_2 \cdot 6H_2O$	291.03	HI	127.91
CoS	90.99	HIO_3	175.91
$CoSO_4$	154.99	HNO_3	63.01
$CoSO_4 \cdot 7H_2O$	281.1	HNO_2	47.01
$CO(NH_2)_2$	60.06	H_2O	18.015
$CrCl_3$	158.36	H_2O_2	34.02
$CrCl_3 \cdot 6H_2O$	266.45	H_3PO_4	98
$Cr(NO_3)_3$	238.01	H_2S	34.08
Cr_2O_3	151.99	H_2SO_3	82.07
$CuCl$	99	H_2SO_4	98.07
$CuCl_2$	134.45	$Hg(CN)_2$	252.63

续表

化合物	相对分子质量	化合物	相对分子质量
$CuCl_2 \cdot 2H_2O$	170.48	$HgCl_2$	271.5
$CuSCN$	121.62	Hg_2Cl_2	472.09
CuI	190.45	HgI_2	454.4
$Cu(NO_3)_2$	187.56	$Hg_2(NO_3)_2$	525.19
$Cu(NO_3)_2 \cdot 3H_2O$	241.6	$Hg_2(NO_3)_2 \cdot 2H_2O$	561.22
CuO	79.55	$Hg(NO_3)_2$	324.6
Cu_2O	143.09	HgO	216.59
CuS	95.61	HgS	232.65
$CuSO_4$	159.06	$HgSO_4$	296.65
$CuSO_4 \cdot 5H_2O$	249.68	Hg_2SO_4	497.24
$FeCl_2$	126.75	$KAl(SO_4)_2 \cdot 12H_2O$	474.38
$FeCl_2 \cdot 4H_2O$	198.81	KBr	119
$FeCl_3$	162.21	$KBrO_3$	167
$FeCl_3 \cdot 6H_2O$	270.3	KCl	74.55
$FeNH_4(SO_4)_2 \cdot 12H_2O$	482.18	$KClO_3$	122.55
$Fe(NO_3)_3$	241.86	$KClO_4$	138.55
$Fe(NO_3)_3 \cdot 9H_2O$	404	KCN	65.12
FeO	71.85	$KSCN$	97.18
Fe_2O_3	159.69	K_2CO_3	138.21
Fe_3O_4	231.54	K_2CrO_4	194.19
$Fe(OH)_3$	106.87	$K_2Cr_2O_7$	294.18
FeS	87.91	$K_3Fe(CN)_6$	329.25
Fe_2S_3	207.87	$K_4Fe(CN)_6$	368.35
$FeSO_4$	151.91	$KFe(SO_4)_2 \cdot 12H_2O$	503.24
$FeSO_4 \cdot 7H_2O$	278.01	$KHC_2O_4 \cdot H_2O$	146.14
$Fe(NH_4)_2(SO_4)_2 \cdot 6H_2O$	392.13	$KHC_2O_4 \cdot H_2C_2O_4 \cdot 2H_2O$	254.19

化合物	相对分子质量	化合物	相对分子质量
H_3AsO_3	125.94	$KHC_4H_4O_6$	188.18
H_3AsO_4	141.94	$KHSO_4$	136.16
H_3BO_3	61.83	KI	166
HBr	80.91	KIO_3	214
HCN	27.03	$KIO_3 \cdot HIO_3$	389.91
$HCOOH$	46.03	$KMnO_4$	158.03
CH_3COOH	60.05	$KNaC_4H_4O_4S_6 \cdot 4H_2O$	282.22
H_2CO_3	62.03	KNO_3	101.1
$H_2C_2O_4$	90.04	KNO_2	85.1
$H_2C_2O_4 \cdot 2H_2O$	126.07	K_2O	94.2
HCl	36.46	KOH	56.11
K_2SO_4	174.25	$Na_2H_2Y \cdot 2H_2O$	372.24
$MgCO_3$	84.31	$NaNO_2$	69
$MgCl_2$	95.21	$NaNO_3$	85
$MgCl_2 \cdot 6H_2O$	203.3	Na_2O	61.98
MgC_2O_4	112.33	Na_2O_2	77.98
$Mg(NO_3)_2 \cdot 6H_2O$	256.41	$NaOH$	40
$MgNH_4PO_4$	137.32	Na_3PO_4	163.94
MgO	40.3	Na_2S	78.04
$Mg(OH)_2$	58.32	$Na_2S \cdot 9H_2O$	240.18
$Mg_2P_2O_7$	222.55	Na_2SO_3	126.04
$MgSO_4 \cdot 7H_2O$	246.47	Na_2SO_4	142.04
$MnCO_3$	114.95	$Na_2S_2O_3$	158.1
$MnCl_2 \cdot 4H_2O$	197.91	$Na_2S_2O_3 \cdot 5H_2O$	248.17
$Mn(NO_3)_2 \cdot 6H_2O$	287.04	$NiCl_2 \cdot 6H_2O$	237.7
MnO	70.94	NiO	74.7

续表

化合物	相对分子质量	化合物	相对分子质量
MnO_2	86.94	$Ni(NO_3)_2 \cdot 6H_2O$	290.8
MnS	87	Ni	90.76
$MnSO_4$	151	$NiSO_4 \cdot 7H_2O$	280.86
$MnSO_4 \cdot 4H_2O$	223.06	P_2O_5	141.95
NO	30.01	$PbCO_3$	267.21
NO_2	46.01	PbC_2O_4	295.22
NH_3	17.03	$PbCl_2$	278.11
CH_2COONH_4	77.08	$PbCrO_4$	323.19
NH_4Cl	53.49	$Pb(CH_3COO)_2$	325.29
$(NH_4)_2CO_3$	96.09	$Pb(CH_3COO)_2 \cdot 3H_2O$	379.34
$(NH_4)_2C_2O_4$	124.1	PbI_2	461.01
$(NH_4)_2C_2O_4 \cdot H_2O$	142.11	$Pb(NO_3)_2$	331.21
NH_4SCN	76.12	PbO	223.2
NH_4HCO_3	79.06	PbO_2	239.2
$(NH_4)_2MoO_4$	196.01	$Pb_3(PO_4)_2$	811.54
NH_4NO_3	80.04	PbS	239.26
$(NH_4)2HPO_4$	132.06	$PbSO_4$	303.26
$(NH_4)_2S$	68.14	SO_3	80.06
$(NH_4)_2SO_4$	132.13	SO_2	64.06
NH_4VO_3	116.98	$SbCl_3$	228.11
Na_3AsO_3	191.89	$SbCl_5$	299.02
$Na_2B_4O_7$	201.22	Sb_2O_3	291.5
$Na_2B_4O_7 \cdot 10H_2O$	381.37	Sb_2S_3	339.68
$NaBiO_3$	279.97	SiF_4	104.08
$NaCN$	49.01	SiO_2	60.08
$NaSCN$	81.07	$SnCl_2$	189.6

续表

化合物	相对分子质量	化合物	相对分子质量
Na_2CO_3	105.99	$SnCl_2 \cdot 2H_2O$	225.63
$Na_2CO_3 \cdot 10H_2O$	286.14	$SnCl_4$	260.5
$Na_2C_2O_4$	134	$SnCl_4 \cdot 5H_2O$	350.58
CH_3COONa	82.03	SnO_2	150.69
$CH_3COONa \cdot 3H_2O$	136.08	SnS_2	150.75
$NaCl$	58.44	$SrCO_3$	147.63
$NaClO$	74.44	SrC_2O_4	175.64
$NaHCO_3$	84.01	$SrCrO_4$	203.61
$Na_9HPO_4 \cdot 12H_2O$	358.14	$Sr(NO_3)_2$	211.63
$Sr(NO_3)_2 \cdot 4H_2O$	283.69	$Zn(CH_3COO)_2 \cdot 2H_2O$	219.5
$SrSO_4$	183.69	$Zn(NO_3)_2$	189.39
$UO_2(CH_3COO)_2 \cdot 2H_2O$	424.15	$Zn(NO_3)_2 \cdot 6H_2O$	297.48
$ZnCO_3$	125.39	ZnO	81.38
ZnC_2O_4	153.4	ZnS	97.44
$ZnCl_2$	136.29	$ZnSO_4$	161.44
$Zn(CH_3COO)_2$	183.47	$ZnSO_4 \cdot 7H_2O$	287.55

附录六 国际单位制的基本单位

量的名称	单位符号	单位名称	量的名称	单位符号	单位名称
长度	m	米	热力学温度	K	开[尔文]
质量	kg	千克(公斤)	物质的量	mol	摩[尔]
时间	s	秒	发光强度	cd	坎[德拉]
电流	A	安[培]			

附录七 国家选定的非国际单位制的法定计量单位

量的名称	单位名称	单位符号	与 SI 单位的关系
时间	分	min	1 min = 60 s
	[小]时	h	1 h = 60 min = 3600 s
	日(天)	d	1 d = 24 h = 86400 s
[平面]角	度	°	$1° = (\pi/180)$ rad
	[角]分	′	$1′ = (1/60)° = (x/10800)$ rad
	[角]秒	″	$1″ = (1/60)′ = (\pi/648000)$ rad
体积	升	l, L	$1\ l = 1\ dm^3 = 10^{-3}\ m^3$
	吨	t	$1\ t = 10^3\ kg$
	原子质量单位	u	$1\ u \approx 1.660540 \times 10^{-27}\ kg$
旋转速度	转每分	r/min	$1\ r/min = (1/60)\ s^{-1}$
长度	海里	n mile	1 n mile = 1852 m（只用于航行）
速度	节	kn	$1\ kn = 1\ n\ mile/h = (1852/3600)\ m/s$（只用于航行）
能	电子伏	eV	$1\ eV \approx 1.602177 \times 10^{-19}\ J$
级差	分贝	dB	
线密度	特[克斯]	tex	$1\ tex = 10^{-6}\ kg/m$
面积	公顷	hm^2	$1\ hm^2 = 10^4\ m^2$

参考文献

[1] 胡伟光,张文英.定量化学分析实验[M].4版.北京:化学工业出版社,2020.

[2] 马惠莉,吴晶.化学分析基础操作[M].北京:高等教育出版社,2018.

[3] 马惠莉.化验员岗位实务[M].北京:化学工业出版社,2015.

[4] 陈海燕,栾崇林,陈燕舞.化学分析[M].北京:化学工业出版社,2019.

[5] 尚华.化学分析技术[M].北京:化学工业出版社,2021.

[6] 高职高专化学教材编写组.分析化学[M].北京:高等教育出版社,2020.

[7] 高职高专化学教材编写组.分析化学实验[M].北京:高等教育出版社,2020.

[8] 司晓晶.分析化学[M].北京:中国石化出版社有限公司,2019.